D1995003

Key Account Marketing & Key Account Selling

Lizenz zum Wissen.

Sichern Sie sich umfassendes Wirtschaftswissen mit Sofortzugriff auf tausende Fachbücher und Fachzeitschriften aus den Bereichen: Management, Finance & Controlling, Business IT, Marketing, Public Relations, Vertrieb und Banking.

Exklusiv für Leser von Springer-Fachbüchern: Testen Sie Springer für Professionals 30 Tage unverbindlich. Nutzen Sie dazu im Bestellverlauf Ihren persönlichen Aktionscode **C0005407** auf *www.springerprofessional.de/buchkunden/*

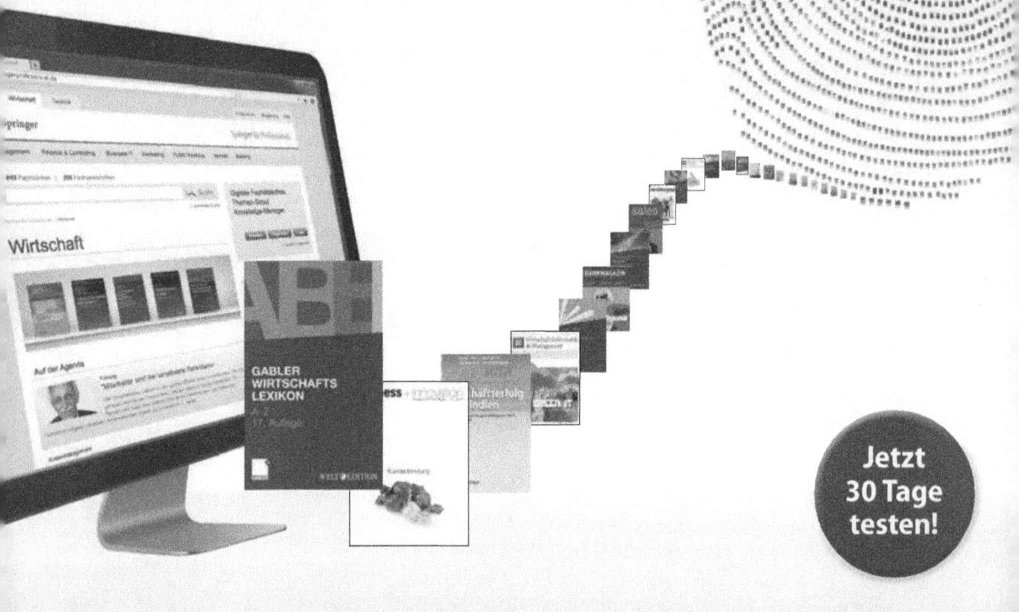

Springer für Professionals.
Digitale Fachbibliothek. Themen-Scout. Knowledge-Manager.

- Zugriff auf tausende von Fachbüchern und Fachzeitschriften
- Selektion, Komprimierung und Verknüpfung relevanter Themen durch Fachredaktionen
- Tools zur persönlichen Wissensorganisation und Vernetzung

www.entschieden-intelligenter.de

Springer für Professionals

Springer

Hans Sidow

Key Account Marketing & Key Account Selling

Wie Sie Ihr Geschäft mit Schlüsselkunden nachhaltig sichern und ausbauen

Springer Gabler

Hans Sidow
Hohe Wurz 5
D-82343 Pöcking
Deutschland
Mail: Dr.Hans.Sidow@T-online.de

ISBN 978-3-658-06354-2 ISBN 978-3-658-06355-9 (eBook)
DOI 10.1007/978-3-658-06355-9

Die Deutsche Nationalbibliothek verzeichnet diese Publikation in der Deutschen Nationalbibliografie; detaillierte bibliografische Daten sind im Internet über http://dnb.d-nb.de abrufbar.

Springer Gabler
© Springer Fachmedien Wiesbaden 2014
Das Werk einschließlich aller seiner Teile ist urheberrechtlich geschützt. Jede Verwertung, die nicht ausdrücklich vom Urheberrechtsgesetz zugelassen ist, bedarf der vorherigen Zustimmung des Verlags. Das gilt insbesondere für Vervielfältigungen, Bearbeitungen, Übersetzungen, Mikroverfilmungen und die Einspeicherung und Verarbeitung in elektronischen Systemen.

Die Wiedergabe von Gebrauchsnamen, Handelsnamen, Warenbezeichnungen usw. in diesem Werk berechtigt auch ohne besondere Kennzeichnung nicht zu der Annahme, dass solche Namen im Sinne der Warenzeichen- und Markenschutz-Gesetzgebung als frei zu betrachten wären und daher von jedermann benutzt werden dürften.

Gedruckt auf säurefreiem und chlorfrei gebleichtem Papier

Springer Gabler ist eine Marke von Springer DE. Springer DE ist Teil der Fachverlagsgruppe Springer Science+Business Media
www.springer-gabler.de

Vorwort

In meinem ersten Buch zum Thema „Key Account Management“ aus dem Jahre 1992, das inzwischen in der 9. Auflage vorliegt, habe ich dargestellt, wie Key Account Management im Unternehmen eingerichtet werden kann und wie man bei der Bearbeitung der Key Accounts vorgehen kann. Das hat allgemeinen Anklang gefunden, der sich in den acht Auflagen und der Auszeichnung des Buches als „Management Klassiker“ widerspiegelt.

Zwei Schwerpunkte des Key Account Managements behandelte das erste Buch *Key Account Management: Wettbewerbsvorteile durch kundenbezogene Strategien:*

1. **Die Aufbauorganisation** eines Key Account Managements im Unternehmen. Sie zeigt einen sehr hohen Variantenreichtum an Modellen, da jede Firma etwas anders organisiert ist. Ein Grundsatz ist jedoch erkennbar: Das Key Account Management muss ziemlich hoch in der Hierarchie aufgehängt sein. Dafür gibt es zwei Gründe: Erstens garantiert dies die Bedeutsamkeit des Key Account Managements und der Key Account Manager nach außen, d. h. zu den Kunden, hin. Und zweitens ergibt sich daraus in aller Regel eine größere Durchsetzungsfähigkeit nach innen. Diese ist nötig, um die Leistungserbringer im Unternehmen kundenorientiert zu bündeln und zu aktivieren.

2. **Die Ablauforganisation** des Key Account Managements bzw. der Kundenbearbeitungsprozess. Er folgt einem Regelkreis, nach dessen Logik die einzelnen kundenbezogenen Aufgaben und Tätigkeiten des Key Account Managements anfallen und bewältigt werden müssen. Das Modell folgt bewusst einer einfach nachvollziehbaren Logik. Nachfolgende Autoren haben versucht, dieses Modell zu erweitern und auf „wissenschaftliches" Niveau anzuheben. Viel mehr als eine Komplizierung ist dabei aber nicht herausgekommen und das ist typisch für einen neuen Ansatz oder eine neue Lehre: Es wird versucht, sie so zu verkomplizieren, das sich ein Erklärungs- und Beratungsbedarf ergibt. Das war Jahrtausende so bei Weltanschauungen und Religionen: Ohne den intellektuellen „Meister der Lehre" oder den „Hohen Priester" gab es keinen Zugang zum Höheren. Im Key Account Management ist das anders: Der Verantwortliche muss sich selbst qualifizieren und voll umfänglich für seine Aufgabe kompetent machen können.

Im hier vorliegenden Buch geht es nun nicht mehr um die Einrichtung von Key Account Management. Diese ist in den meisten Unternehmen inzwischen so oder so abgeschlossen und wird hier vorausgesetzt. Hier geht es vielmehr um:

- **Key Account Marketing:** Wie kann der Key Account Manager einzelne seiner Accounts als (Teil-)Märkte betrachten, analysieren, bearbeiten und entwickeln? Innerhalb des Kunden gilt es, die verschiedenen Bedarfsfelder zu erkennen, zu identifizieren oder zu beschreiben sowie die Chancen oder Potenziale auszuloten und einzuschätzen. Und es gilt zu entscheiden, ob und wie die Geschäfte in diesen Feldern des Kunden sinnvoll und Ertrag bringend ausgeweitet werden können, und dies dann durchzuführen. Dieses Buch wird die dafür geeigneten Denkansätze, Methoden und Arbeitshilfen aufzeigen.

- **Key Account Selling**: Wie verkauft man seine Vorschläge aus den Ergebnissen seiner Analysen über die mögliche Ausweitung der Geschäfte an seine Key Accounts? Wie unterscheidet sich das Verkaufen an Key Accounts vom Verkauf an andere Kunden? Wahr ist, dass auch bei Großkunden die Materialbeschaffung wesentlich professioneller einkauft als das Key Account Management bisweilen verkauft. Darin liegt eine große Gefahr, nämlich, dass mangels qualifizierter Argumentation des Key Account Managements die Auftragsvergabe oftmals über zu hohe Konditionen und Nachlässe und/oder zu niedrige Preise erzielt wird. Auch hierzu will dieses Buch die dazu geeigneten Methoden und Techniken aufzeigen, die zu qualifiziertem Wert-Verkauf über den Beweis des Kundennutzens führen.

Pöcking, im Dezember 2014 Dr. Hans Sidow

Inhaltsverzeichnis

Abbildungsverzeichnis

Tabellenverzeichnis

Key Account Management 1

1.1 Die Rolle des Key Account Managers

Der Key Account Manager muss seine Rolle als Verbindungsmann oder -frau zwischen seinem Unternehmen und den wichtigsten Kunden erkennen und wirksam spielen. Zu dieser Rolle gehört als erstes die Gestaltung und Abwicklung der laufenden Geschäfte. Leider beschränken sich zu viele Key Account Manager auf diese Rolle. Dafür gibt es vier Gründe:

1. Sie werden von vornherein von ihren Vorgesetzten darauf gebrieft.
2. Es genügt ihnen auch, nur diese Rolle zu spielen.
3. Sie sehen neben dieser Rolle des Verkäufers auch keine anderen wesentlichen Aufgaben.
4. Sie werden auch vor allem oder ausschließlich dafür bezahlt.

Mit dieser Rollenwahrnehmung bleibt der Key Account Manager nichts anderes als ein Großkundenverkäufer. Verstehen wir uns richtig: Das ist nichts Schlechtes! Aber in dieser Rolle als Key Account Manager verkehrt, unzureichend. Ein wirklich guter Verkäufer ist Gold wert, insbesondere dann, wenn er die Techniken und Verhaltensweisen seines Berufes gut beherrscht und wirkungsvoll einsetzt. Insofern muss natürlich jeder Key Account Manager zunächst mal ein ganz guter Verkäufer sein und bleiben. Aber die Aufgaben des

© Springer Fachmedien Wiesbaden 2014

H. Sidow, *Key Account Marketing & Key Account Selling*,
DOI 10.1007/978-3-658-06355-9_1

Key Account Managers gehen über die des Verkäufers deutlich hinaus.

Der wesentliche Schwerpunkt der Aufgabenstellung und des Rollenverständnisses des Key Account Managers besteht – nach der Ausschöpfung bestehender Potenziale und der Festigung der eigenen Position – in der Ausweitung der Geschäfte mit den einzelnen Key Accounts. Das heißt, es reicht nicht aus, nur die laufenden Geschäfte zu betreuen. Ganz wichtig ist es darüber hinaus, die Potenziale und Chancen für weitere Geschäfte zu erkennen und zu nutzen. Dazu muss der Key Account Manager die Sichtweise eines Marketing Managers annehmen. Das bedeutet, den einzelnen Key Account als (Mini-)Markt zu sehen und innerhalb desselben Marketing zu betreiben.

Key Account Manager müssen zu Geschäftsleuten werden. Account Teams müssen den Kunden so gut verstehen lernen wie ein Insider des Kundenunternehmens.

Nein: besser!

Das ergibt sich oft ganz natürlich aus der Distanz eines Key Account Managers zum Gesamtunternehmen des Kunden und aus seiner Rolle als Multikontakter zu vielen unterschiedlichen Funktionen und Personen im Kundenunternehmen, die bisweilen untereinander Kräfte verschleißende Probleme in ihrer Kommunikation und Kooperation haben. Der Key Account Manager sollte sich aber hüten, als außenstehender Besserwisser aufzutreten. Seine erweiterte Kompetenz ergibt sich als Informationskompetenz aus der Kenntnis des eigenen Unternehmens *plus* der Kenntnis des Kundenunternehmens.

Zur zentralen Kundenkenntnis gehört vor allem das Verständnis der Faktoren, die für den Erfolg des Kunden in dessen Märkten von größter Bedeutung sind und den Ertrag des Kunden am stärksten beeinflussen. Diese Faktoren verlaufen entlang der gesamten Prozesskette – vom eigenen Lieferanten über das eigene Unternehmen, das Kundenunternehmen bis in die Unternehmen der Kunden des Kunden hinein.

In diesem Abschnitt geht es um die Anwendung der Denke und der Arbeitsmethoden des Marketings auf einzelne (Groß-)Kunden mit dem Ziel, diese als Teilmärkte zu erkennen und zu bearbeiten. Das Ziel ist das vertiefte Verständnis der Kunden und der kundenorientierte Ausbau der Geschäfte mit diesen als einer Kundenentwicklung.

Dafür möchte ich zunächst auf das allgemeine Verständnis des Begriffes Marketing eingehen. Dafür gibt es eine Fülle von Erklärungen, aus denen ich zwei heraushebe:

Marketing bedeutet, vom Markt her zu denken und zum Markt hin zu handeln. Key Account Marketing bedeutet dementsprechend vom Key Account her zu denken und zum Key Account hin zu handeln.

Marketing erfordert, folgenden Aufgaben nachzugehen und sie erfolgreich durchzuführen:

- Einen Markt wahrnehmen und erkennen
- Diesen Markt identifizieren bzw. beschreiben und abgrenzen
- Diesen (Teil-)Markt bewerten nach Größe, Wachstum, Ertragskraft usw.
- Die Zugänge zu diesem Markt erforschen: Wie kommt man in diesen Markt hinein?
- Die Anforderungen des Marktes erkennen: Was wird dort gebraucht und gesucht?
- Ein geeignetes Angebot entwickeln, das den Anforderungen entspricht und sich von etwaigen Wettbewerbern positiv abhebt
- Diesen Markt gewinnen und abdecken
- Die Nr. 1 im Markt(-Segment) werden
- Die Ertragskraft des eigenen Unternehmens in diesem Markt beurteilen und optimieren
- Die eigene Position im Markt sichern und ausbauen

Bricht man seine Betrachtung vom Markt auf den einzelnen Key Account herunter, spricht man statt von Märkten besser von Bedarfsfeldern oder Entwicklungsfeldern, die sich beim einzelnen Kunden auftun können. Diese kann man dann mit einer ähnlichen Systematik für das eigene Unternehmen erschließen, mit der man üblicherweise an Märkte herangeht.

Key Account Marketing ist der Ansatz, den einzelnen (Key-)Kunden als (Teil-)Markt zu sehen und mit den methodischen Ansätzen des Marketings zu erfassen, zu bearbeiten und zu entwickeln.

Dabei geht es um das Durchsuchen und die Erschließung von Potenzialen und Potenzialreserven in den Bedarfsbereichen vor allem großer Kunden.

Es geht um diese Felder:

- Im Vorfeld um die eigene Organisation der Key-Account-Bearbeitung, die die Basis für qualitatives und effizientes Key Account Marketing ist. Das ist kein Marktfeld, sondern das Feld der internen Organisation der eigenen Leistungsträger, deren Qualität die generelle Voraussetzung für die erfolgreiche Bearbeitung der Key Accounts ist.
- Dazu gehört auch die Auswahl bzw. Definition der Key Accounts. Hier gibt es drei wichtige Schwerpunkte: Investitionskunden, Ausbaukunden und Optimierungskunden. Je nachdem, welche Gesichtspunkte man bei der Definition seiner Key Accounts wählt, setzt man auf eine Investitions-, Wachstums- oder Optimierungsstrategie – oder entschließt sich, Kunden ohne interessante Potenziale einfacher einzustufen und zu bearbeiten oder sogar aufzugeben.
- Die einzelnen Bereiche des Kunden, nach deren näherer Betrachtung sich Möglichkeiten eines Wachstums mit ihm bzw. einer Ausweitung der Geschäfte mit ihm ergeben könnten:
  - Das Ausgangsfeld oder die Felder, in welchen man zurzeit bereits erfolgreich Geschäfte mit dem Key Account betreibt. Hier geht es im Wesentlichen um die Beurteilung der eigenen momentanen Wettbewerbsposition im Verhältnis zu den Anforderungen des Kunden einerseits und zu den Leistungen der Wettbewerber andererseits sowie um die Beurteilung der Möglichkeiten der Festigung und des Ausbaus dieser Ausgangsposition mit dem momentanen Ziel, diese Position erfolgreich zu halten und zu verteidigen. Dazu gehören alle Maßnahmen der Vorsorge und der Sicherung, um auch in kritischen Zeiten und Situationen die Rolle eines Vorzugslieferanten halten zu können. Man prüft hier die Passgenauigkeit seiner Leistungsprofile im Verhältnis zu den Anforderungen des Kunden.
  - Darauf baut die Prüfung und Wahrnehmung eines Mitwachsens der eigenen Geschäfte mit der Entwicklung des Key Accounts auf.
  - Das Ausweitungsfeld oder die Felder, in welchen man aus den Positionen in den Ausgangsfeldern seine Geschäfte ausweiten könnte, was im Wesentlichen durch Erhöhung der Lieferanteile oder durch Ausweitung der Listungen erreicht werden kann.

Dies setzt einmal Passgenauigkeit des eigenen Angebotes zu den Anforderungen des Kunden, zum anderen Wettbewerbsvorteile gegenüber den eigenen Mitbewerbern voraus. Außerdem müssen die eigenen Ziele (und Wünsche) des Lieferanten zu den Beschaffungsstrategien des Kunden passen.

- Die Felder für ein Cross Selling: Das sind Bedarfsfelder, zu denen man als Lieferant bisher beim Kunden noch keinen Zutritt hatte und darin keine Geschäfte getätigt hat. Dazu gehören auch etwaige Möglichkeiten in Tochter- oder Schwesterfirmen des Kunden.
- Für die weitere Ausweitung der Geschäfte empfiehlt sich – soweit dies nicht schon bei der Kundenselektion berücksichtigt wurde – die Entwicklung und Verfolgung einer individuellen, klaren und schlüssigen Strategie des Unternehmens gegenüber den einzelnen Key Accounts.
- Das Innovationsfeld beinhaltet mehrere Möglichkeiten. Innovationen sind die wichtigsten Treiber des Geschäftserfolges, der eigenen Wettbewerbsposition und der Geschäftsausweitung. Innovationen können bei der Sicherung der Position im Ausgangsfeld helfen oder bei der Ausweitung der Geschäfte. Innovationen können aber auch den Eintritt in neue Bedarfsfelder des Kunden unterstützen, in denen man bisher noch nicht vertreten war, oder neue Bedarfsfelder mit und/oder für den Kunden bilden helfen. Innovationen sollen nicht nur dem eigenen Unternehmen nützen, sondern vor allem den Kunden helfen, ihre Position in ihren Märkten erfolgreich zu verteidigen und auszubauen und damit eine Sogwirkung des Bedarfs vom Kunden her auf den Lieferanten zu erzeugen. Im Bereich der Innovation gibt es heute zwischen Kunden und Lieferanten eine Vielzahl sehr enger und intensiver Formen der Zusammenarbeit.
- Das Feld der internen Steigerung von Produktivität und/oder Effizienz im eigenen Unternehmen. Hier geht es darum, die eigene Arbeitsweise laufend zu verbessern, was in den allermeisten Firmen als fortlaufendes Standardprogramm läuft. Die Frage, wie die Resultate dieser Verbesserungen zu verteilen sind, ist eine solche der eigenen Geschäftspolitik. Die Resultate können einmal der Verbesserung der eigenen Erträge dienen, aber auch an Kunden weitergegeben werden, insbesondere,

wenn diese durch ihre Anregungen oder durch ihre Beschaffungspolitik mit zur Verbesserung der eigenen Arbeitsweisen beigetragen haben. Es geht darum, auch auf diese Weise die eigene Position, aber auch den Kunden zu stärken.

- Das Feld der internen Steigerung von Produktivität und/oder Effizienz im Kundenunternehmen. Viele Key Accounts legen Wert darauf, von den Erfahrungen des Key Account Managers ihrer Lieferanten – insbesondere den Unternehmen der eigenen Konkurrenz – zu profitieren, da der Key Account Manager ja aus ihrer Sicht eine Art Querschnittsfunktion ausübt, die ihm Einblicke in mehrere im Wettbewerb zueinander stehende Unternehmen einer Branche ermöglicht. Diese Aufgabe des Key Account Managements erfordert sehr viel Fingerspitzengefühl zwischen wertvollen Verbesserungsvorschlägen für ihre Kunden – einerseits – und Indiskretion und Geheimnisverrat – andererseits. Sie erfordert weiterhin großes Fingerspitzengefühl für die Frage, wem und wie man solche Vorschläge vorbringen kann. Denn letztlich müssen die Kunden solche Potenziale selbständig erschließen, wobei sich der eine oder andere auf den Fuß getreten fühlen kann, weil er dieses Potenzial nicht bereits selbst und früher erkannt hat. Aber es geht hier darum, den Kunden in seinen eigenen internen Bemühungen zu unterstützen.
- Neue Geschäftsfelder für den Kunden, aus denen sich neuer Beschaffungsbedarf zugunsten des Lieferanten ergeben kann. Hier geht es darum, aus der eigenen Querschnittserfahrung als Key Account Manager mehrerer Unternehmen den einzelnen Kunden aufzuzeigen, in welchen Märkten oder Segmenten für sie Expansionsmöglichkeiten bestünden und wie man als Lieferant eine solche Politik wirksam unterstützen könnte.

1.2 Die Organisation der Key-Account-Bearbeitung

Voraussetzung für ein an diesen Suchfeldern orientiertes Vorgehen zur Ausweitung der Geschäfte mit Key Accounts ist, dass die Organisation und die grundsätzlichen Arbeitsweisen des Key Account Managements im Unternehmen bereits professionell etabliert sind. Damit verbunden ist eine grundlegende Professionalität für die Bearbeitung von Key Accounts. Dies ist Voraussetzung für die Betreibung der Ausweitung der Geschäfte mit Key Accounts.

Umfassend habe ich dies in meinem ersten Buch *Key Account Management: Geschäftsausweitung durch kundenbezogene Strategien* dargestellt. Hier noch mal als Erinnerung die wichtigsten Elemente dieses Kundenbearbeitungsmodells, die abgedeckt sein müssen:

1. Es müssen Key Accounts bestimmt worden sein. Normalerweise sind das die 20 % aller Kunden, mit denen das Unternehmen ca. 80 % seiner Umsätze tätigt. Traurig zu sagen, dass es immer noch – allerdings wenige – Unternehmen in Deutschland gibt, die das nicht geschafft haben – warum auch immer. Das Ziel dieser Kundensegmentierung ist es, Sorge zu tragen,
   - dass sich die Aufmerksamkeit und die Leistungskraft des Unternehmens auf diese Kunden konzentriert und sie nicht aus dem Auge verloren werden, und
   - dass diesen Kunden die dafür kompetentesten Mitarbeiter des Unternehmens mit entsprechenden Teams zugeordnet werden. Es geht im Kern um eine qualitative Verbesserung der Kundenbearbeitung, durch die laufende Geschäfte gesichert und ausgebaut und die Kundenbindung gesichert werden muss;
   - dass es eine Zuordnung von Key Account Managern als Verantwortliche des Unternehmens für diese Kunden gibt, welche die Bearbeitung sowie die Organisation und Zuordnung entsprechender Teams sichert;
   - dass es eine Klärung der Aufgaben, Kompetenzen und Verantwortung des Key Account Managements in einer geeigneten Stellenbeschreibung gibt. Dazu gibt es bereits seit über zwei Generationen erprobte Beispiele für verschiedene Branchen.
2. Das Kontaktnetz und die Kontaktanbahnung. Einfach ausgedrückt: Wer macht was im Kontakt mit wem beim Kunden? Dazu gibt es gute Werkzeuge, wie z. B. die Kundenkontaktmatrix oder die Kundenkommunikationsmatrix. Diese zeigen auch auf, wer aus dem Unternehmen zu wem im Kundenunternehmen wie viele persönliche Kontakte hat und dabei über welche Themen reden sollte.
3. Die Kundenanalyse als sehr umfassendes und wichtiges Arbeitsfeld. Hier geht es um das umfassende Verständnis des Kunden, seines Geschäftsmodells, seiner Märkte und Kunden, seiner Arbeitsweisen, seiner Bedarfe und Anforderungen, seiner Stärken und Schwächen und vieles andere mehr. Ausdruck der Kompe-

tenz des Key Account Managements sind Quantität und Qualität des Informationsstandes, den es sich aus internen, externen und aus den Quellen des Kunden erarbeitet hat. Auch dazu gibt es ein Werkzeug, welches als Balanced Scorecard (BSC) die gewichteten Informationsbedarfe und die bewerteten Informationsstände aufzeigen und komplettieren hilft.

4. Eine kundenbezogene Strategie oder Vorgehensweise. Durch sie wird festgelegt, was man mit dem einzelnen Key Account vorhat. Es geht um die Entscheidung für wenige Grundstrategien:
   - Investitionsstrategie, um bei einem einzelnen Key Account „Land zu gewinnen", ein Enttrèe zu finden oder Lieferanteile zu bilden, zu entwickeln oder auszubauen.
   - Die Ausbaustrategie geht über das Ziel der Investitionsstrategie hinaus und versucht, die eigene Position weiterzuentwickeln oder auszubauen, die Lieferanteile zu erhöhen.
   - Die Strategie der Sicherung und des Haltens ist angesagt, wenn das Lieferantenunternehmen beim einzelnen Key Account insgesamt oder in Teilsegmenten schon eine sehr starke Position hat, diese aber Tag für Tag erhalten muss.
   - Eine Optimierungsstrategie. Das Wort sagt schon aus, was hier vonnöten ist: mit dosiertem Aufwand zu versuchen, eine mittlere Position zu halten oder gar auszubauen. Das ist vor allem gegenüber Key Accounts angesagt, die nicht übermäßig attraktiv für das eigene Unternehmen sind.
   - Eine Abschöpfungsstrategie bietet sich an gegenüber Kunden, die wenig attraktiv sind, bei denen das Unternehmen aber dennoch eine starke bis sehr starke Position hat.
   - Nicht zuletzt eine Strategie des geordneten Rückzugs gegenüber Kunden, die wenig attraktiv sind und bei denen man nur eine schwache Position hat.

   Die Einigung auf die zu wählende Strategie gegenüber einzelnen Key Accounts ist insbesondere für das eigene Verständnis im eigenen Unternehmen über die Rolle des Kunden und die gemeinsame Vorgehensweise ihm gegenüber von Bedeutung.

Beispiel

Für das Key Account Management ist der Kunde A ein Investitionskunde, dessen Bearbeitung besondere Anstrengungen erfordert. Die eigene Technik sieht im selben Kunden dagegen nur einen Abschöpfungskunden, der wenig Aufwand erfordert: Die Kräfte im Unternehmen wirken auseinander, weil zwei Abteilungen unterschiedliche strategische Betrachtungsweisen in Bezug auf den Ressourceneinsatz für ein und denselben Key Account haben. Wichtig wäre in diesem Falle die Klärung untereinander, dass die Gewinnung und der Ausbau dieses Kunden zunächst mit den bestehenden Produkten und Lösungen erfolgen sollten.

5. Der Kundenentwicklungsplan ist eine Zusammenfassung von drei Arbeitsblättern:
   - Die Umsatzplanung basiert auf den bisher laufenden Geschäften und erfordert deren Projektion in formulierten Zielen in die Zukunft. Dazu gibt es bewährte Werkzeuge.
   - In vielen Geschäften setzt sich der Gesamtumsatz aus laufenden Geschäften und Projekten zusammen. Je nach Situation ist die Planung der laufenden Umsätze (Running Business) durch die Projektplanung zu ergänzen oder zu ersetzen. Diese umfasst die Einschätzung der Größenordnung, der Erfolgswahrscheinlichkeiten sowie der Termine für Auftragseingang oder Projektrealisierung.
   - Die Kennzeichnung der angestrebten Lieferantenposition beim Kunden.
   - Die Planung der kundenbezogenen Ertragsziele.
   - Die Festlegung der Strategien oder Vorgehensweisen, um die Planziele zu erreichen. Dazu gehört auch die Kennzeichnung von Engpässen und Schwierigkeiten, die der Zielerreichung im Wege stehen könnten, um die Durchführung realistisch anzupacken. Ebenso erfasst man hier die Nutzenvorteile, Nutzenmerkmale oder „benefits", die man dem Kunden im Hinblick auf das neue gemeinsame Geschäftsjahr bieten kann. Sie sollten die bisherigen Leistungspakete, aber auch die Leistungen der eigenen Mitbewerber übertreffen.
6. Die Präsentation des eigenen Vorschlags für die Zusammenarbeit mit dem Key Account für das Folgejahr entweder üblicherweise in einem Jahresgespräch oder im Rahmen eines Account Planning Process (APP). Das ist eine gemeinsam mit dem Kunden durchgeführte Planungsveranstaltung für die Entwicklung der Eckpfeiler der gemeinsamen Zusammenarbeit für ein Planjahr. Dieser APP kann und sollte als regelmäßige Veranstaltung zwischen Lieferanten und Kunden praktiziert werden.

7. Der Abschluss einer Rahmenvereinbarung nach vertieften Verhandlungen, in welchem die Eckpunkte für die Zusammenarbeit im Folgejahr festgelegt werden.
8. Die Realisierung der vereinbarten Pläne zur Erreichung der gemeinsamen Ziele.
9. Kontrollen der einzelnen Etappenziele und Maßnahmen.
10. Korrekturen im Falle von Abweichungen zwischen Plänen und Ergebnissen oder in allen Fällen von Veränderungen der Situation.

Die oben dargestellten Maßnahmen, Einrichtungen und Arbeitsweisen im Rahmen eines Kundenbearbeitungsmodells sind Voraussetzung dafür, dass die Bearbeitung der Key Accounts einigermaßen eingerichtet ist und funktioniert. Dafür gibt es in der Praxis sehr viele und qualitativ sehr unterschiedliche Formen und Entwicklungsstadien. Unabhängig davon kann jedoch jeder Key Account Manager versuchen, seine Geschäfte bei seinen Kunden auszuweiten. Im Folgenden werden Ansätze dargestellt, um gut ausgebaute Beziehungen zu Key Accounts dazu zu nutzen, die Geschäfte mit ihnen zu festigen und vor allem auch auszuweiten.

2 Key Account Marketing: Geschäftsausweitungen bei bestehenden Key Accounts

Nach der oben in Kurzform dargestellten Organisation der Bearbeitung von Key Accounts entsprechend einem Kundenbearbeitungsmodell geht es zum Kern des strategischen Key Account Managements. Dieser Kern hat sich mit der Frage der Festigung, Ausweitung und Weiterentwicklung der Geschäfte mit Key Accounts zu befassen. Es reicht nicht aus, wenn sich Key Account Manager auf die Generierung von Tagesgeschäft reduzieren und konzentrieren. Das ist die Aufgabe eines jeden Verkäufers und dazu bräuchte man nicht die höher angesiedelte Funktion des Key Account Managements. Vielmehr hat sich der Key Account Manager über das Tagesgeschäft hinaus mit den Möglichkeiten des strategischen Key Account Managements (SKAM) zu befassen. Dieses betrifft Geschäfte und Geschäftsbereiche, die es bisher mit dem konkreten Key Account noch nicht gibt. Dabei geht es darum, auszuloten, welche Möglichkeiten sich beim einzelnen Kunden ergeben, ob sie entwickelt werden kön-

© Springer Fachmedien Wiesbaden 2014

H. Sidow, *Key Account Marketing & Key Account Selling*,
DOI 10.1007/978-3-658-06355-9_2

nen und wie man an diese eventuellen Potenziale herangehen kann. Es geht um die Beantwortung der Frage:

- Verkaufen Sie nur oder entwickeln Sie die Geschäfte mit Ihren Key Accounts über (gemeinsame) Programme zur Geschäftsentwicklung (Umsatz *und* Ertrag)?

Wirkliche Key Account Manager müssen in der Lage sein, Geschäfte mit den wichtigsten Kunden des Unternehmens strategisch weiterzuentwickeln. Strategisch bedeutet hier: mit den geeigneten Kunden die gemeinsamen Geschäfte zum gemeinsamen Nutzen weiterzuentwickeln.

Im Folgenden werden deshalb die möglichen Felder für die strategische Geschäftsausweitung dargestellt und Beispiele angeboten, wie ein Key Account Manager dazu professionelle Vorgehensweisen und Argumentationen gegenüber seinen Kunden aufbauen kann. Dabei muss kluges, vernünftiges Wachstum die Bedürfnisse *und* Möglichkeiten des Kunden berücksichtigen.

2.1 Wie man Key Accounts für eine Strategie der Geschäftsausweitung gezielt aus der Gesamtzahl der Kunden auswählt

Für eine geplante Strategie des gemeinsamen Wachstums und einer Geschäftsausweitung muss man zunächst die dafür geeigneten Kunden auswählen bzw. priorisieren. Dafür reicht die 80:20-Regel, nach welcher erfahrungsgemäß die meisten Firmen mit etwa 20 % aller Kunden bereits 80 % ihrer Umsätze tätigen, nicht aus. Vielmehr sind für die Auswahl von Kunden als Key Accounts für eine Strategie der

Geschäftsausweitung mit diesen grundsätzlich folgende Gesichtspunkte zu berücksichtigen, zu gewichten und zu bewerten:

- Bereits laufendes Umsatzvolumen (20:80)
- Der „Philosophy-Fit“: Die Denk- und Arbeitsweisen von Kunde und Lieferant müssen zusammenpassen, kompatibel sein
- Bedeutung der Volumina für die Grundauslastung der eigenen Produktionskapazitäten
- Noch erschließbare Umsatzpotenziale bei Kunden
- Bestehende oder mögliche Erträge aus den Geschäften mit diesen Kunden
- Offenheit des Kunden für gemeinsames Wachstum
- Barrieren, die die Erschließung der Umsatz- und Ertragsreserven und damit die Geschäftsausweitung mit dem Kunden behindern

Für eine beabsichtigte und geplante Wachstumsstrategie muss man vor allem darauf schauen, dass man dafür Kunden auswählt, welche

- Potenziale für eine Ausweitung ihrer eigenen Geschäfte haben,
- selbst wachsen oder wachsen wollen und auch wachsen können,
- und die bereit sind, dies mit Ihnen als Lieferant auch zu tun (Tab. 2.1).

Man kann also schon durch die Auswahl oder Priorisierung von Key Accounts nach dieser oben dargestellten Denke die Voraussetzungen dafür prüfen und schaffen, dass man sich und die Ressourcen der eigenen Firma zur Realisierung seiner eigenen Wachstumsstrategie auf die dafür geeigneten Kunden konzentriert. Anderenfalls müht man sich jahrelang mit den falschen Kunden ab, um wünschenswerte Ziele zu erreichen, ohne Erfolg zu haben, weil der Kunde einfach nicht mitzieht oder aus anderen Gründen für eine gemeinsame Strategie der Geschäftsausweitung ungeeignet ist. Jeder Marketer kennt dieses Problem.

Tab. 2.1 Beispiele für eine kundenbezogene Zielplanung. (Quelle: Eigene Darstellung)

Kunden-typ	Unser Umsatz	Unser Lieferanteil:	Potenzial – Reserve des Kunden	Ertrag (Chance)	Bereitschaft zur Zusammenarbeit	Ziele und Maßnahmen:
A1.1	Sehr hoch	Sehr hoch	0	+/++	+	Sichern und halten
A1.2	Sehr hoch	Sehr hoch	0	0/–	0	Sichern, sanieren und restrukturieren
A1.3	Sehr hoch	Sehr hoch	0	–/––	+	Restrukturieren
A2.1	mittel	mittel	++	+/++	+	Investieren und akquirieren
A2.2	mittel	mittel	++	0/–	0	Ertragorientierter Umsatzausbau
A2.3	mittel	mittel	++	–/––	–	Sanieren oder aufgeben
A3.1	0	0	++	+/++	+	Investieren und akquirieren
A3.2	0	0	+	+/0	0	Ertragorientierter Umsatzausbau
A3.3	0	0	+	0/–/––	–	Liegen lassen

2.2 Wie man die Felder für strategische Geschäftsausweitungen mit Key Accounts finden kann

> Gutes Management zeichnet sich dadurch aus, dass es neue Geschäfte entwickelt, nicht dadurch, dass es Stellen streicht. [1]

Diese Aussage aus dem Jahre 2013 von Joe Kaeser, dem CEO von Siemens, berührt in hohem Maße die Aufgaben und die Verantwortung des Key Account Managements. Denn neue Geschäfte zu entwickeln geht wohl am ehesten mit seinen großen Stammkunden, weil man die ja auch schon kennt und deren Bedürfnisse und Bedarfe leichter erfassen kann. Als Key Account Manager muss man dazu zunächst auf die Suche nach möglichen Feldern für eine Geschäftsausweitung bei seinen einzelnen Key Accounts gehen.

Eine bewährte Methode zur Verfolgung dieser wichtigen Aufgabe heißt Discovery.[2] Discovery bedeutet „Entdeckung" und kennzeichnet einen strukturierten, analytischen Prozess, in welchem die wichtigsten wirtschaftlichen Faktoren für den Erfolg des gemeinsamen Geschäftes (Economics) zum Teil auch gemeinsam mit dem Kunden erforscht werden, um neue Lösungen, Ideen, Produkte und Dienstleistungen zum beiderseitigen Vorteil zu schaffen.

Die Praxis hat gezeigt, dass Discovery den Partnern zu deutlichen Umsatz- und Ertragsverbesserungen verhilft. Zusätzlich entsteht ein Bewusstseinswandel in der Organisation, gepaart mit größerem Enthusiasmus, auf Kunden zuzugehen.

Am wichtigsten ist es, sich in die Rolle des Kunden zu versetzen.

Antworten auf die folgenden Fragen bringen die Partnerschaft weiter:

- Wie gut kenne ich Geschäft, Geschäftsmodell, Strategie, Optionen, Hoffnungen und Träume meines Kunden?

- Wie gut kenne ich meine relative Position gegenüber dem Kunden im Verhältnis zu meinem Wettbewerb?
- Weiß ich, wie kompliziert, zeitaufwendig oder kostspielig es für ihn ist, mit mir im Geschäft zu sein?

Nur wenn der Wissensaustausch keine Einbahnstraße ist, wird das Streben nach einer Partnerschaft mit dem Kunden zum Erfolg. Ohne Offenheit auf beiden Seiten geht nichts.

Es gilt, eine detaillierte Kenntnis der Kosten-, Ertrags- und Nutzenstruktur des Kunden zu gewinnen.

Sowohl die Umsatz- als auch Kostentreiber im Geschäft des Kunden sind zu erforschen:

- Womit verdient der Kunde eigentlich sein Geld?
- Wie gut erfüllt er die Bedürfnisse seiner eigenen Kunden?
- Welche ungenutzten Wachstumspotenziale könnte er aktivieren?

Nach und nach bringt die gemeinsame Entdeckungsreise von Kunde und Lieferant auf der Suche nach Wertschöpfungspotenzialen eine Verzahnung der Wertschöpfungsketten mit sich. Zwischen den Geschäftssystemen entwickeln sich zahlreiche Verknüpfungspunkte. Systeme, Prozesse und Daten werden gemeinsam genutzt; es entstehen neue Produkte und Wachstum für beide Partner.

2.2.1 Die Wünsche der Kunden systematisch erforschen

Das erfordert ein tiefes Verständnis der Kundenwünsche, welche die klassische Marktforschung bislang nicht bereitzustellen vermag. Nur wenn ich weiß, womit mein Kunde unzufrieden ist, kann ich Verbesserungen einführen.

2.2.2 Die Kundenbeziehung auf eine breitere Basis stellen

Viele wertvolle Informationen über den Kunden erhält man nur durch die breit angelegte Nutzung unterschiedlicher Kontaktpunkte (siehe Abb. 2.4). Allzu oft beschränkt sich die Kommunikation zwischen Lieferant und Kunde jedoch auf die Einkaufs- und Verkaufsabteilung.

Der mit Verwaltungsaufgaben überfrachtete Vertrieb wird zum Nabel für Informationen:

Zu selten bestehen regelmäßige Kontakte zu den umsatzverantwortlichen Bereichen des Kunden, z. B. zu dessen Marketing, Verkauf oder Entwicklung. Dort aber werden die Anforderungen definiert, denen man als Lieferant genügen muss. Es empfiehlt sich daher, mehr Kontakte zu Bedarfsträgern herzustellen und zu pflegen, nicht nur zu Bedarfdeckern. Wer seine Perspektive über Verkaufs- und Einkaufsabteilung hinaus erweitert, erkennt klarer, was der Kunde wirklich braucht und wo er ihm von Nutzen sein kann. [2]

Das Ziel der Intensivierung der Zusammenarbeit mit Kundenunternehmen ist es, einen besseren, höheren, engeren Status als Lieferant zu erreichen. Das ermöglicht die frühzeitige Wahrnehmung von Problemen und Bedarfen bei Kunden und das rechtzeitige Voraus- und Mitdenken mit den Mitarbeitern bei Kunden, die nach neuen und besseren Lösungen suchen (Abb. 2.1).

Die schrittweise Ausweitung der Geschäfte mit Key Accounts verfolgt das Ziel, die eigene Rolle als Lieferant vom gelegentlichen Lieferanten zum Systempartner zu entwickeln und auszubauen. Systempartner zu sein (oder auch schon Vorzugslieferant und selbst Stammlieferant) ergibt eine bessere Qualität der Zusammenarbeit und dabei vor allem des Informationsaustausches. Der intensivere Informationsaustausch ermöglicht dem Lieferanten schon aus einem Frühstadium heraus passgenauere Lösungen zu entwickeln, zu gestalten und zu liefern.

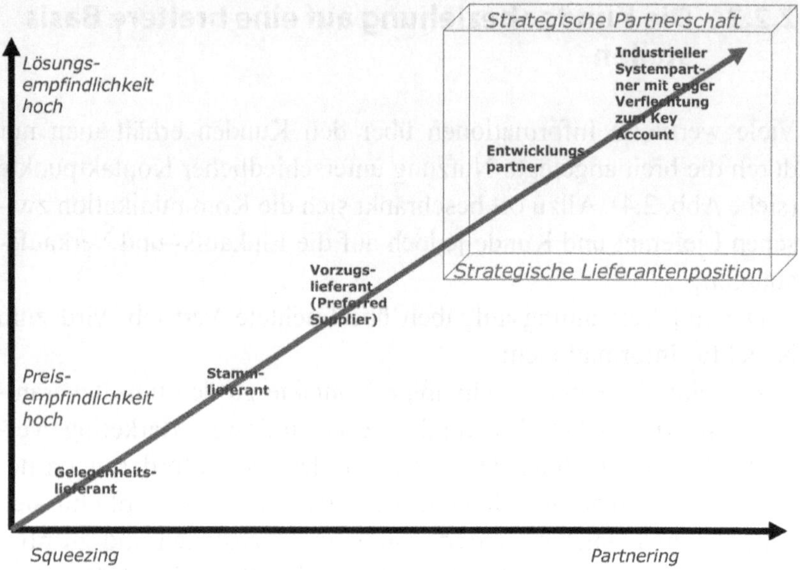

Abb. 2.1 Vom gelegentlichen Lieferanten zum Systempartner

Allerdings ist dieses Vorgehen oft nicht mit allen Kunden möglich, sodass man sich sowohl für die Verfolgung des Zieles der Geschäftsausweitung als auch für die Vereinbarung eines Discovery-Programms und ein Upgrade der Lieferantenrolle dafür geeignete Key Accounts heraussuchen oder aufbauen muss.

2.3 Das Ausgangsfeld

Das Ausgangsfeld sind die Felder, in welchen man zurzeit bereits erfolgreich Geschäfte mit dem Key Account betreibt. Aus diesen Feldern wird das Geschäft von heute und morgen generiert (Brot und Butter). Es ist bekannt und lässt sich nach den Volumina der bisher laufenden Geschäfte beschreiben. Das sind aus der Summe aller Key Accounts die Felder, von denen ein (Lieferanten-)Unternehmen im Moment lebt und daher natürlich sehr wichtig.

Ziel muss hier sein, die eigene Position zu überprüfen und zu festigen.

2.3.1 B2B-Bereich

2.3.1.1 Laufendes Geschäft – Running Business

Maßnahmen

Für die Prüfung der Festigkeit der momentanen Lieferantenposition gibt es fünf Maßstäbe:

- Die Anforderungen oder das Anforderungsprofil des Kunden an alle Lieferanten
- Der Erfüllungsgrad der Anforderungen des Kunden durch das eigene Unternehmen und die spezifischen Leistungsprofile nach den Gewichtungen des Kunden
- Das Verhältnis zu den Leistungsprofilen der eigenen Mitbewerber beim Kunden
- Die Höhe des eigenen Beitrages zur Renditeverbesserung des Kunden, statt nur ein Produkt, eine Dienstleistung oder eine Lösung zu liefern
- Das Maß, in welchem die eigene Rendite aus den Geschäften mit dem einzelnen Kunden verbessert wird.

In den Anforderungen drückt der Kunde mehr oder weniger systematisch aus, was er braucht oder haben will. Man ist als Key Account Manager gut beraten, wenn man dies genau herausfragt, und das ist nicht so einfach, wie es gesagt ist. Das Anforderungs- und das Leistungsprofil sind die beste Möglichkeit, mit einem Kunden zu klären, was er im Detail will und wie er die Mitbewerber in Bezug auf diese Anforderungen mit ihren konkurrierenden Leistungen sieht. Es ermöglicht auch die gezielte Leistungsverbesserung des jeweiligen Lieferanten in Bezug auf die für den Kunden wichtigen

Kriterien und schafft damit die Basis für die gezielte Stärkung von WTs (= Werttreibern) oder VDs (Value Driver).

Das Anforderungsprofil ist so oder in anderer Form die Basis für

- die gezielte Verbesserung der einzelnen Positionen des eigenen Leistungsprofils,
- die Entwicklung spezieller und detaillierter Wettbewerbsvorteile,
- die Entwicklung von Beiträgen zur Renditeverbesserung des eigenen Unternehmens wie dem des Kunden.

Man kann dieses Anforderungsprofil entweder beim Kunden erfragen oder mit ihm gemeinsam erarbeiten. Dazu ist eine BSC (= Balanced Scorecard) hilfreich. Dabei handelt es sich um ein Arbeitsblatt nach dem Kgb-System (= Kriterien gewichten und bewerten). Und das geht so:

- Ermitteln Sie zunächst die einzelnen Kriterien der Anforderungen Ihres Kunden zur Deckung seines Bedarfes für ein bestimmtes Beschaffungssegment (siehe Tab. 2.2).
- Versuchen Sie dann aus dem Kunden herauszufragen, welche Prioritäten er selbst unter seine eigenen Anforderungen setzt, d. h. was für ihn wichtiger und weniger wichtig ist oder wie er seine eigenen Kriterien im Hundert gewichtet (also in %) (siehe Tab. 2.3).
- Versuchen Sie dann aus dem Kunden herauszufragen, wie er den Erfüllungsgrad Ihres Angebotes in Bezug auf seine eigenen Kriterien bewertet im Bereich von 0 bis 100 Punkten (siehe Tab. 2.4).

Tab. 2.2 Beispiel

Fünf Kriterien sind für den Kunden wichtig
Leistungsfähigkeit des Systems
Sicherheit des Systems
Preis
Normung nach Standards
Lieferzuverlässigkeit

Tab. 2.3 Beispiel. (Fortsetzung)

Fünf Kriterien sind für den Kunden wichtig	Gewichtung (aus Kundensicht) (%)
Leistungsfähigkeit des Systems	35
Sicherheit des Systems	25
Preis	20
Normung nach Standards	10
Lieferzuverlässigkeit	10
Summe	*100*

Tab. 2.4 Beispiel. (Fortsetzung)

Fünf Kriterien sind für den Kunden wichtig	Gewichtung (aus Kundensicht) (%)	Bewertung der Erfüllung (aus Kundensicht)
Leistungsfähigkeit des Systems	35	70
Sicherheit des Systems	25	80
Preis	20	50
Normung nach Standards	10	100
Lieferzuverlässigkeit	10	80
Summe	*100*	

- Tragen Sie die Informationen im Detail in der dafür geeigneten Balanced Scorecard (BSC) ein (siehe Tab. 2.5).
- Erweitern Sie die BSC und ergänzen Sie diese um die Werte Ihrer Mitbewerber bei diesem Kunden (siehe Tab. 2.6).

Hier ergibt sich eine in der Praxis durchaus nicht untypische Situation: Die strategischen Positionen der drei Anbieter beim Key Account sind in der Summe mit 72,5, 71,5 und 71,25 Punkten im Hundert etwa gleich stark. Die Anbieter unterscheiden sich aber durch ihr Angebotsprofil. Während Anbieter A bessere qualitative Vorteile aufweist, sind die Wettbewerber deutlich preisgünstiger. Es ergeben sich Handlungsbedarfe bei der Angebotspolitik: Für welche Kunden und Bedarfe passt da Profil A? Weiterhin bei der Gestaltung des Leistungsprofils und bei der kundenorientierten Argumentation.

Tab. 2.5 Balanced Scorecard (BSC). (Quelle: Eigene Darstellung)

Produktsegment: Netzwerke		Key Account: Telekom Hong Kong	
Anforderungs-Kriterien des Kunden	Gewichtung: aus Kundensicht: (%)	Unser Angebot A:	
		Bewertung aus Kundensicht 0–100 Punkte	Gewichtete Punktzahl: Gewichtung × Bewertung (: 100)
Leistungs-fähigkeit des Systems	35	70	24,5
Sicherheit des Systems	25	80	20
Preis	20	50	10
Normung nach Standards	10	100	10
Lieferzuverlässigkeit	10	80	8
Summe	100		72,5

Und es stellt sich die Frage, ob es einem der Anbieter gelingt, sowohl die qualitätssensiblen als auch die preissensiblen Bedarfe aus einer Hand, aber mit unterschiedlichen Lösungen abzudecken und damit die Zahl der Beschaffungsquellen und die damit verbundenen Kosten des Kunden zu minimieren (Tab. 2.7).

- Erweitern Sie die BSC und markieren Sie, wo Sie für Ihr Angebotsprofil Handlungsbedarf oder Argumentationsbedarf (+/++) und wo Sie Angriffspotenziale vonseiten Ihrer Mitbewerber (!!) erkennen:
- Ermitteln Sie Ihren Lieferanteil beim Kunden, der eine zusätzliche Information für die Präferenzen des Kunden liefern kann. In diesem Fall liegt er bei 60 % im Segment sehr hoch! Das lässt erkennen, dass der Kunde überwiegend qualitätsorientiert einkauft, das heißt, dass Sie einen Großteil seiner Bedarfe mit diesem Ihrem Angebot A erfolgreich abdecken können.

Tab. 2.6 Relative Wettbewerbsposition 1. (Quelle: Eigene Darstellung)

Produktsegment: Netzwerke		Key Account: Telekom Hong Kong		Mitbewerber: X, Y			
Anforderungskriterien des Kunden	Gewichtung aus Kundensicht: (%)	Unser Angebot A:		Mitbewerber X:		Mitbewerber Y:	
		Bewertung 0–100 Punkte	Gewichtete Punktzahl:	Bewertung 0–100 Punkte	Gewichtete Punktzahl:	Bewertung 0–100 Punkte	Gewichtete Punktzahl:
Leistungsfähigkeit des Systems	35	70	24,5	60	21	60	21
Sicherheit des Systems	25	80	20	70	17,5	65	16,25
Preis	20	50	10	80	16	90	18
Normung nach Standards	10	100	10	100	10	90	9
Lieferzuverlässigkeit	10	80	8	70	7	70	7
Summe	100		72,5		71,5		71,25

Legende für die Bewertung: 0–20 = sehr schwach; 21–40 = schwach; 41–60 = mittel; 61–80 = stark; 81–100 = sehr stark

Tab. 2.7 Relative Wettbewerbsposition 2. (Quelle: Eigene Darstellung)

Produktsegment: Netzwerke		Key Account: Telekom Hong Kong Unser Lieferanteil A: *60 %*			Mitbewerber: X, Y					
Anforderungskriterien des Kunden:	Gewichtung aus Kundensicht (%)	Unser Angebot A:			Mitbewerber X:			Mitbewerber Y:		
		Bewertung 0–100 Punkte	Gewichtete Punktzahl:	Handlungs-bedarf:	Bewertung 0–100 Punkte	Gewichtete Punktzahl:	Angriffs-potenzial:	Bewertung 0–100 Punkte	Gewichtete Punktzahl:	Angriffs-potenzial:
Leistungsfähigkeit des Systems	35	70	24,5	+ +	60	21	*!!*	60	21	*!!*
Sicherheit des Systems	25	80	20	+	70	17,5		65	16,25	
Preis	20	50	10	*Argumente*	80	16	*!!*	90	18	*!!*
Normung nach Standards	10	100	10	0	100	10		90	9	
Lieferzuverlässigkeit	10	80	8	+	70	7		70	7	*!!*
Summe	100		72			71,5			71,25	

Legende für die Bewertung: 0–20 = sehr schwach; 21–40 = schwach; 41–60 = mittel; 61–80 = stark; 81–100 = sehr stark

Einfacher für den Lieferanten ist es, wenn der Kunde ein professionelles Lieferantenbeurteilungssystem betreibt und auch kommuniziert. In Tab. 2.8 sehen Sie ein Beispiel eines professionellen Anforderungsprofils mit einer Lieferantenbeurteilung der Firma Mercedes-Benz im Vergleich zu den Leistungsprofilen zweier konkurrierender Anbieter:

Das Beispiel von Mercedes-Benz ist sicher ein Idealfall, aber längst kein Ausnahmefall mehr. Die Systematik bei dieser Variante einer Balanced Scorecard hält sich *nicht* im Hundert, ist aber ansonsten in ihrer Logik absolut identisch. Sie hat den Vorteil, dass hier mehrere Abteilungen eines Kundenunternehmens ein gesamthaftes Anforderungsprofil gefertigt haben, das die Interessen und Teilanforderungen von verschiedenen Stellen des Unternehmens berücksichtigt und untereinander abgeglichen hat und damit nicht „einäugig" oder auf einzelne Abteilungsinteressen fokussiert ist.

Folgende Ergebnisse zeigen die vorangegangene Diagnose der eigenen Wettbewerbsposition bei einem Key Account im Verhältnis zu dessen Anforderungen und den Angeboten der eigenen Mitbewerber:

- Strategisch gesehen liegen die drei Anbieter im Patt.
- Der Kunde hält sich drei Lieferanten: einen für höhere Qualitätsanforderungen, zwei weitere mit günstigeren Preisen für kostengünstige Bedarfe.
- Der Lieferanteil des Vorzugslieferanten liegt bei 60 %.
- Daraus kann geschlossen werden, dass der Key Account überwiegend qualitativ höherwertige Lieferanten bevorzugt und mit deren Vorleistungen eigene Kunden bedient, die auf höhere Qualität Wert legen.
- Handlungsbedarf besteht überall dort, wo die Gewichtung des Kunden hoch ist, die Bewertung des einzelnen Kriteriums noch Luft gegen 100 Punkte des Erfüllungsgrades hat und wo der Abstand zum eigenen Wettbewerb knapp ist.
- Genau bei diesen Kriterien ist A gut beraten, den Erfüllungsgrad noch zu verbessern.

Tab. 2.8 Lieferantenbeurteilungssystem Mercedes-Benz. (Quelle: Eigene Darstellung)

Beispiel eines Lieferantenbeurteilungssystems der Firma Mercedes-Benz AG:

	Bewertungskriterien:		Bewertungen und gewichtete Punktzahlen			
			Model A		Model B	
		Gewichtung	Bewertung	Punktzahl gewichtet	Bewertung	Punktzahl gewichtet
1	Angebotspreis	30		130		80
1.1	Teilepreis, Werkzeugkosten, Entwicklungskosten	25	5	125	3	75
1.2	Potenziale	5	1	5	1	5
2.	Technisches Konzept des Angebotes	30		120		97
2.1	Lichtqualität	15	4	60	3	45
2.2	Erfüllung der technischen Anforderungen	8	4	32	3	24
2.3	Montagegerechte Produktgestaltung	1	4	4	4	4
2.4	Recyclingaspekte	1	4	4	4	4
2.5	Variantenbetrachtung – Innovation und Potenzial	5	4	20	4	20
3	Allgemeine Beurteilung	40		180		180
3.1	Kaufmännische Kriterien	20		90	4,5	90
3.1.1	Erfüllung des Terminplanes	2	4	8	4	8
3.1.2	Standortbewertung (Auslandsbezug)	2	4	8	4	8
3.1.3	Abschätzbarkeit, Anlaufrisiko, Anlaufkosten	2	5	10	5	10
3.1.4	Lieferzuverlässigkeit, logistische Leistungsfähigkeit	5	4	20	4	20

Tab. 2.8 (Fortsetzung)

Beispiel eines Lieferantenbeurteilungssystems der Firma Mercedes-Benz AG:

	Bewertungskriterien:		Bewertungen und gewichtete Punktzahlen			
			Model A		Model B	
		Gewichtung	Bewertung	Punktzahl gewichtet	Bewertung	Punktzahl gewichtet
3.1.5	Eigeninitiative, Flexibilität (Preisverhalten)	1	4	4	4	4
3.1.6	Strategische Auswirkungen (Umsatzentwicklung, Wettbewerbserhalt)	8	5	40	5	40
3.2	Technische Kriterien	20		90		90
3.2.1	Forschungs- und Entwicklungspotenzial	1	4	4	4	4
3.2.2	Fähigkeit als Systemlieferant	2	4	8	4	8
3.2.3	Entwicklungsqualität und Termineinhaltung	3	4	12	4	12
3.2.4	Qualität und Qualitätsfähigkeit	10	5	50	5	50
3.2.5	Partnerschaftliches Entwicklungsverhalten	1	4	4	4	4
3.2.6	Kompetenz und Entscheidungsbefugnis der Ansprechpartner	2	4	8	4	8
3.2.7	Transparenz der Unterlagen und Prozesse	1	4	4	4	4
4.	Gesamtsummen im Vergleich	100		430		357

Legende der Bewertung: Punktzahl × Gewichtung = gewichtete Punktzahl

- Beim Preis hat der Anbieter A Argumentationsbedarf: Der höhere Preis von A muss durch die höhere Leistung bei den für den Kunden besonders wichtigen Kriterien begründet werden. Dies erfordert Key Account Selling, indem der Mehrnutzen aus den Qualitätsmerkmalen im Verhältnis zum Preis für den Kunden konkret herausgearbeitet und bewiesen wird.
- Zugleich muss A im Auge behalten, dass die beiden Mitbewerber X und Y bei diesen Kriterien aufholen und ihn angreifen könnten.

Diese Diagnose ist das Herzstück des Key Account Marketings. Von hier aus sind folgende Maßnahmen möglich:

- Überprüfung der momentanen Wettbewerbsposition
- Identifikation der Kriterien oder Faktoren, die für die Wertschöpfung des Kunden besondere Bedeutung haben (Werttreiber/Value Driver oder Faktoren mit besonderer Bedeutung für den Kundennutzen)
- Stärkung und Verbesserung der momentanen Wettbewerbsposition
- Erhöhung der Lieferanteile aufgrund einer verbesserten Wettbewerbsposition, gegebenenfalls bis zur Alleinlieferantenposition
- Positive Kundenzufriedenheitsmessungen
- Einschleusung weiterer Produkte oder Lösungen beim Kunden
- Belieferung weiterer Unternehmensbereiche des Kunden aufgrund positiver Ergebnisse der Kundenbefragungen
- Ausweitung der Geschäfte mit dem Kunden durch Formen engerer Zusammenarbeit
- usw.

Auf der Basis dieser Diagnose ist es Aufgabe des Key Account Managements, Anstöße zur Verbesserung der eigenen Leistung in das eigene Unternehmen hinein zu kommunizieren. Gesprächspartner dort wird vor allem das Produktmanagement sein. Mit diesem kann Folgendes geprüft werden:

- Gibt es ein technisches oder gestalterisches Potenzial zur Erhöhung des Erfüllungsgrades irgendeines Anforderungskriteriums oder Parameters?
- Wie hoch sind die Kosten für die Erschließung dieses Potenzials und damit für die Erhöhung des Erfüllungsgrades? Denkbar und praktisch möglich ist auch, dass eine Verbesserung eines Produkt- oder Lösungskriteriums oder eine völlig neue, substituierende Lösung eine Kostensenkung ermöglicht.
- Wenn die Erhöhung des Erfüllungsgrades eines bestimmten Details Mehrkosten Verursacht, muss das Key Account Management prüfen, ob der Kunde bereit ist, diese Mehrkosten zu tragen bzw. einen höheren Preis zu akzeptieren.
- Entschließt man sich, die Verbesserung durchzuführen, so ist festzulegen, wer das mit wem bis wann machen wird. Man sollte dem Kunden nicht voreilig Versprechungen oder Hoffnungen machen, bevor man die Informationen dazu intern festgezurrt hat.

Im Einzelnen muss das Unternehmen dabei prüfen,

- aus welchen Details der einzelne Parameter, z. B. die Leistungsfähigkeit des Systems, besteht;
- wo man bei diesem Detail ansetzen muss, um die Leistung zu verbessern und damit den Erfüllungsgrad zu erhöhen;
- wie dieses im Einzelnen zu bewerkstelligen ist und
- wer das mit wem bis wann macht.

Es geht im Kern um die Herstellung der Passgenauigkeit zwischen den Anforderungen des Kunden und den Leistungen des Lieferanten.

Dieses Vorgehenskonzept stellt grob eine allgemeine Roadmap für die Brücke vom Kunden über das Key Account Management ins eigene Unternehmen nach innen, insbesondere zum Produktmanagement, und wieder zurück zum Kunden dar. Dabei können in allen Phasen Fachleute des eigenen Unternehmens an solche des Kun-

Gesprächspartner beim Kunden nach der Hierarchie des Kunden			Ziehen Sie in diesem Feld Kontaktpfeile von rechts nach links zu den Partnern:	Gesprächspartner auf unserer Seite:				
Name:	Funktion:	Einfluss niedrig1= niedrig, 10 = hoch		Name:	Funktion:	Zahl der persönlichen Kontakte pro Jahr: IST:	SOLL:	Informationsbedarf dieses Gesprächspartners und Themenzuordnung nach Kompetenz (vgl. Kennbuchstaben)
Müller	V-Vorsitz	5		Lerch	GF	1		E, G, S, X, Y, Z, BB, CC
Maier	V-Vertrieb	7		Mang	VD	2		E, G, J, R, S, X, Y, Z, BB, CC
Schulze	V-Mawi	10		Urban	KAM	12		A–Z
Kiefer	L Einkauf	9		Keller	KB	24		A, B, C, D, F, P, V, W, L, X, Y, Z, AA
Rixner	L Technik	9		Jonas	Techn. Service	6		Q, T, U
Rompel	L Produktion	6		Huber	ID	1		C, D, O
Grünert	Produktmanagement	7		Bogner	Logistik	2		D
Mock	Disponent	4		Heller	PM	3		M, N

← Bestehende Kontakte

← - - - Aufzubauende Kontakte

Kennbuchstaben der Themen (Beispiel zur eigenen Weiterentwicklung):

A Anforderungen des Kunden
B Betriebswirtschaftliche Kennziffern
C Aufträge
D Distribution und Logistik
E Erfolge: eigene und die des Kunden
F Follow up
G Geschäftspolitik des Kunden und unsere
H Rechtliche Fragen
I Innovationen
J Jahresgespräche
K Konditionen
L Leistungsverzeichnis
M Marketing-Themen
N Neue Produkte
O Offene Fragen
P Preise
R Rahmenvereinbarungen
S Strategien
T Technische Fragen
U Untersuchungsergebnisse
V Value Added
W Wirtschaftlichkeitsberechnungen
X Persönliche Kontakte
Y Märkte des Kunden
Z Ziele
AA Aproval
BB Neue Geschäftsfelder
CC Innovationspotenziale
DD..........
EE..........

Abb. 2.2 Kundenkontaktnetz/Kommunikationsmix/Customer-Relationship-Management für Firma Mustermann

denunternehmens für den Informationsaustausch angedockt werden. Diese Brücken können auch mithilfe von Kontaktnetzen visualisiert werden (Abb. 2.2).

Dazu gibt es verschiedene Darstellungsformen (Abb. 2.3 und 2.4):

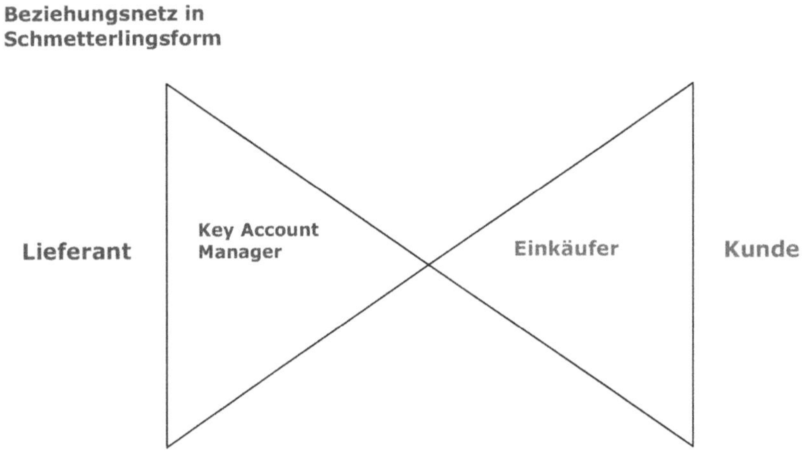

Abb. 2.3 Beziehungsnetz in Schmetterlingsform

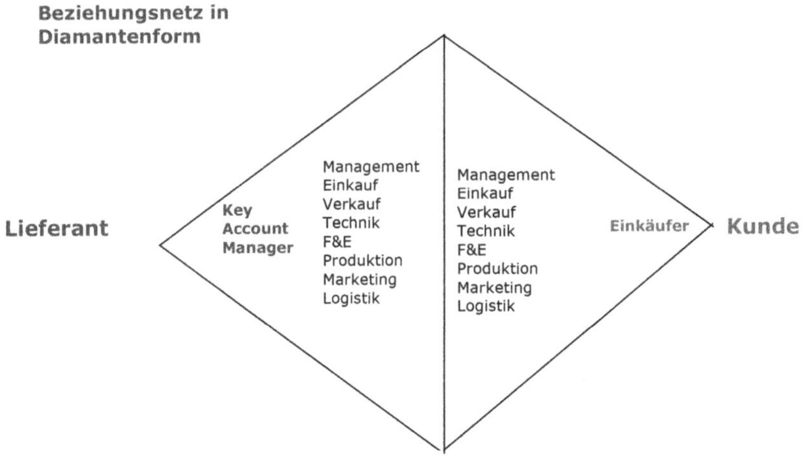

Abb. 2.4 Beziehungsnetz in Diamantform

Wirtschaft funktioniert heute national, international und global als ein System gegenseitiger Vernetzungen. Ein intensives, fachorientiertes Kontaktnetz ist nicht nur eine Institution der Kundenbindung. Es ist vor allem auch sehr wichtig für den Informationsaustausch mit Kunden, um früher und besser als die Konkurrenz zu erfahren

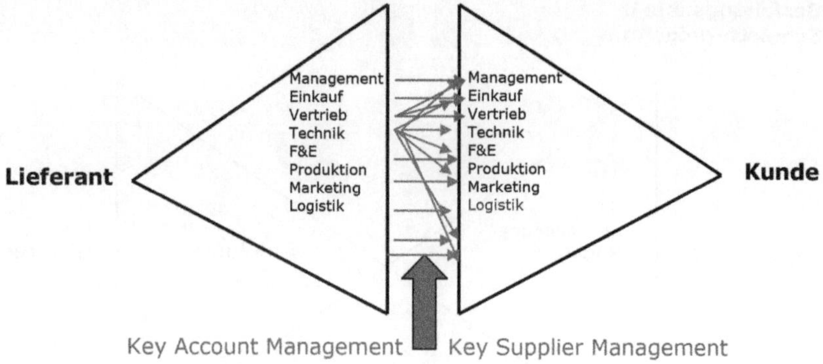

Abb. 2.5 Multi-Level-Kontaktnetz: Moderne Netzwerkbeziehungen steigern Informationsaustausch und Beziehungsqualität

oder zu erspüren, in welche Richtungen die Absichten von Kunden tendieren. Früher und besser als Kunden Innovationsmöglichkeiten aufspüren und bearbeiten ergibt einen eigenständigen Wettbewerbsvorteil des vorauseilenden Denkens und Handelns („Die Kunden merken es noch nicht, woher der Wind weht und wohin die Reise geht –, aber wir sind bereits dran!“).

Im Rahmen dieses Informationsaustausches geht es auch um die laufende und aktuelle Information des Kunden über alle Neuerungen und Verbesserungen, die die eigene Position stärken können. (Abb. 2.5)

Key Account Manager kennen die Kernkompetenzen des eigenen Unternehmens und haben das Kontaktnetz zu den Mitarbeitern im Unternehmen, die diese – die eigenen – Kernkompetenzen repräsentieren und in Aktion treten lassen können. Sie können die Kontakte zu den entsprechenden Gesprächspartnern beim Kunden anbahnen und aufbauen. Daraus ergibt sich die Möglichkeit, gemeinsame Kernkompetenzen gemeinsam weiterzuentwickeln.

Dadurch wird Passgenauigkeit zwischen den Anforderungen des Kunden und den Stärken seiner Lieferanten gesichert, die den Kunden bei seiner Zielerreichung in seinen Märkten unterstützen.

Die stärkste Kundenbindung entsteht dann schlussendlich über den Lieferanteil, der starke gegenseitige Abhängigkeiten schafft.

Angewandtes Key Account Selling zu diesem Schritt der Überprüfung der eigenen Ausgangsposition

Key Account Selling hat viele Varianten und überdacht viele unterschiedliche Methoden. Deshalb wird hier jeweils die für die Argumentation gegenüber Kunden am besten als geeignet erscheinende Methode vorgezogen und dargestellt. Bei der Behauptung der eigenen Ausgangsposition gegenüber dem Kunden geht es im Kern darum, seine Anforderungen mit dem eigenen Leistungsprofil und mit den Leistungsprofilen der Wettbewerber abzugleichen. In den meisten Fällen läuft dies auf einen Vergleich der eigenen Stärken zu den aus Kundensicht eigenen Schwächen hinaus, um daraus eine Bilanz zu ziehen: z. B. als Preis-Leistungs-Verhältnis.

Eine Argumentation zielt in diesem Zusammenhang in Inhalt und Form auf den Beweis der Wahrheit in der Sache, in der Verkaufsrhetorik auf die Überzeugung der Kunden. Argumentation bedient sich verschiedener Beweisformen wie Berechnungen, Zahlen, Daten, Fakten, Beispielen, Referenzen u. v. a. m. Sie hat die Aufgabe, den Gesprächspartner in einer ihm geläufigen Sprache und Art und Weise von der Richtigkeit einer reinen Behauptung zu überzeugen. Ich erinnere mich in diesem Zusammenhang an eine lange Zeit zurückliegende Werbung der Firma Peugeot in Österreich, die sich auf den Slogan beschränkte: „Des is a guats Auto" –, also auf eine reine Behauptung. Eine Beweisführung würde z. B. Werte aus der Pannenstatistik, über den Benzinverbrauch, den CO_2-Ausstoß usw. erfordern. In den Verkaufsprozessen beschränken sich viele Verkäufer nur auf Behauptungen, die die Kunden halt glauben und durch eigene Erfahrungen sich selbst beweisen müssen. Dabei kommt dieser Art von Verkäufern die Tatsache entgegen, dass sehr viele Menschen lieber glauben, als eine Behauptung nach sachlichen Beweisen zu hinterfragen. Das hat sich insbesondere im Bankensektor gezeigt. Im Key Account Management und dem Key Account Selling reicht dies natürlich nicht.

Im vorliegenden Falle, dargestellt in Tab. 2.10, müsste der Key Account Manager darstellen, ob und wie sich sein Mehrpreis für den Kunden rechnet.

Tab. 2.9 Relative Wettbewerbsposition 3 – Key Account Selling. (Quelle: Eigene Darstellung)

Produktsegment: Netzwerke		Key Account: Telekom Hong Kong Unser Lieferanteil A: *60 %*			Mitbewerber: X, Y					
Anforderungskriterien des Kunden	Gewichtung aus Kundensicht: (%)	Unser Angebot A:			Mitbewerber X:			Mitbewerber Y:		
		Bewertung 0–100 Punkte	Gewichtete Punktzahl:	Handlungsbedarf	Bewertung 0–100 Punkte	Gewichtete Punktzahl:	Angriffspotenzial:	Bewertung 0–100 Punkte	Gewichtete Punktzahl:	Angriffspotenzial:
Leistungsfähigkeit	35	70	24,5	++	60	21	*!!*	60	21	*!!*
Sicherheit des Systems	25	80	20	+	70	17,5		65	16,25	
Preis	20	50	10	*Argumente*	80	16	*!!*	90	18	*!!*
Normung nach Standards	10	100	10	0	100	10		90	9	
Lieferzuverlässigkeit	10	80	8	+	70	7		70	7	*!!*
Summe	100		72			71,5			71,25	

Tab. 2.10 Darstellung des Mehrnutzens für einen Kunden trotz höheren Preises. (Quelle: Eigene Darstellung)

Preis gegenüber dem Wettbewerb:	Merkmal des Produktes, der Leistung oder der Lösung für den Mehrnutzen des Kunden:	Mehrnutzen des Kunden durch:				
		Endpreis des Kunden: höher + niedriger – (%)	Weitere Kosten des Kunden: höher + niedriger – (%)	Sicherheit für den Kunden: höher – niedriger + (%)	Prozesse des Kunden: schneller – langsamer +(%)	Gesamtsumme bzw. Bilanz der Faktoren für den Mehrwert des Kunden: (%)
+ 10 %	Leistungsfähigkeit des Systems	0	− 4	− 5	− 3	− 12
	Sicherheit des Systems	0	− 4	− 3	− 5	− 12

Unter dem Strich stellt sich der Kunde in diesem Falle trotz eines um 10 % höheren Einkaufspreises durch die Kostensenkungen um 2 % besser, was vielleicht als Beispiel recht wenig erscheint. Aber natürlich gibt es für diese Darstellung einer Argumentation eine Unzahl von möglichen inhaltlichen Beispielen und eine Vielzahl von Darstellungsmöglichkeiten.

Wichtig bleibt, dass der Key Account Manager aus allen vorhandenen und denkbaren Möglichkeiten eine für die jeweilige Situation geeignete Beweisform für seine Argumentation auswählt und wirksam einsetzt.

Im vorliegenden Falle muss der Key Account Manager auch die Beschaffungsstrategie des Kunden kennen und berücksichtigen: Wenn der Kunde selbst etwa 40 % seiner Kunden mit dem preisgünstigeren Produkt bedienen muss, weil die Kunden die den höheren Nutzen begründenden Produktmerkmale nicht wollen oder benötigen, dann hat er seinen Lieferanteil entweder mit 60 % ausgereizt oder er bietet selbst eine B-Variante zu niedrigerem Preis ohne die Produktmerkmale an, aus welchen die Kostenerhöhungen resultieren. Das allerdings setzt wieder die Bereitschaft des Kunden zur Lieferantenkonzentration bis zum Single Sourcing in diesem Segment voraus.

Fazit

Dieses Feld hat in der ständigen Beobachtung des Key Account Managements zu stehen. Schließlich ist es die Basis für das Brot- und Buttergeschäft. Die eigene Position darin ist eigentlich ständig gefährdet, weshalb das Key Account Management insbesondere auf vier Aspekte achten muss:

1. Wie verändern sich die Anforderungen des Kunden?
2. Wie verändern sich die Angebote der eigenen Mitbewerber?
3. Was verändert sich bei den Kunden der Kunden oder in seinen Märkten?
4. Welche Neuerungen gibt es im Umfeld, die für die Position des eigenen Angebotes von Bedeutung sein könnten?

Genau durch die jeweils aktuelle Beherrschung der Antworten zu diesen Fragen und durch das Verständnis der Absichten und Probleme der Kunden macht sich der Key Account Manager für seine eigene Firma wertvoll – und natürlich für den Kunden – und kann dadurch seine eigene Position nachhaltig sichern und seine interne Position stärken. Das bedeutet, dass er im Bedarfsfalle angeforderte Ressourcen eher und leichter für seine Arbeit bekommen kann.

2.3.1.2 Projektgeschäft

Neben dem laufenden Geschäft spielt im B2B-Bereich das Projektgeschäft oft eine wichtige Rolle.

Das Feld Die Summe der Anfragen und Anfrager nach Angeboten für Projekte in einem definierten fachlichen und/oder regionalen Markt(-segment).

Das Ziel Halten und ausbauen der eigenen Position in diesem Markt(-segment).

Für die Planung und Steuerung der Maßnahmen zur Erreichung dieses Zieles gelten zusätzliche Vorgehensweisen und Hilfen, wobei insbesondere bei der Überprüfung und Verbesserung der Wettbewerbsposition auf wichtige Werkzeuge aus dem Bereich des laufenden Geschäftes zurückgegriffen werden kann.

Man kann sich für das Projektgeschäft im B2B-Bereich der folgenden Planungstechnik bedienen:

- Kennzeichnung der einzelnen laufenden Projekte
- Einschätzung des voraussichtlichen Volumens jedes einzelnen Projektes
- Zu jeweiligen Stichtagen empfiehlt es sich, folgende Fragen als Moment-aufnahme zu stellen und zu beantworten:
  - Wie groß ist die Wahrscheinlichkeit in Prozent, dass das einzelne Projekt überhaupt vergeben wird, z. B. ein Budget bekommt usw. („go“)?

- Wie groß ist die Wahrscheinlichkeit in Prozent, dass der Auftrag dann an uns geht („get“)?
- Welcher Multiplikationseffekt ergibt sich aus beiden Werten? Mit diesem Wert arbeitet man in der Projektplanung bis zur nächsten Momentaufnahme (z. B. wöchentlich, monatlich, quartalsweise) bzw. bis zur Auftragserteilung weiter.
- Die einzelnen, heruntergerechneten Werte kann man aufteilen nach der Einschätzung entweder des wahrscheinlichen Auftragseingangs oder der Auftragsausführung.
- Welche Summen ergeben sich aus dem geschätzten Umfang der Projekte und ihrer wahrscheinlichen Realisierung unter den Aspekten „go“ und „get“?
- Aus dem Vergleich der vollen Summe mit der heruntergerechneten wahrscheinlichen Summe kann man die Erfolgsquote seiner Angebote zum jeweiligen Stichtag errechnen.
- Die Tabelle kann z. B. als Excel-Tabelle monatlich leicht durch Aktualisierung der Schätzwerte für die generellen und die speziellen Chancen auf den neuesten Stand gebracht werden. (Tab. 2.11)

Diese Systematik eignet sich auch zur weiteren Vorplanung der Zielerreichung bzw. des Auftragseingangs pro Monat. Soll die Zielgröße des Auftragseingangs pro Monat 500 T€ sein bei einer durchschnittlichen Erfolgsquote von 36 % und einer durchschnittlichen Laufzeit der einzelnen Angebote von drei Monaten, so ergibt sich ein Vorlaufvolumen von Projekten von $500 \cdot 3 = 1500$, $1500 : 0{,}36 = 4166$. Im vorliegenden Beispiel beträgt das Vorlaufvolumen 5500 und reicht damit nach aller Wahrscheinlichkeit aus, den Auftragseingang der nächsten drei Monate zu realisieren. Steuerungsgrößen sind für den Projektmanager einmal das Angebotsvolumen und zum anderen die Erfolgsquote. Dafür hilfreich ist ein sogenannter Projektannahmefilter, mit dem von vornherein bei der Projektbearbeitung Prioritäten nach verschiedenen Gesichtspunkten des unternehmerischen

Tab. 2.11 Steuerungssystem für den Auftragseingang von Projekten im Objektgeschäft (Beispiel). (Quelle: Eigene Darstellung)

Laufende Projekte im laufenden Monat Stichtag: TT MM JJJJ					Auftragseingang oder Ausführung in Euro erwartet für:						
Projektbezeichnung:	Wert (€)	Auftragschancen generell: „go“ (%)	Chan-cen für uns speziell „get“ (%)	Chancen insgesamt zwei-mal heruntergerechnet: (T €)	I/15	II/15	III/15	IV/15	I/16	II/16	III/16
A	1000	50	50	250		100	100	50			
B	800	80	100	640			320	160	160		
C	1200	33	50	200	50	50	50	50			
D	2000	100	20	400	100	100	100	100			
E	500	100	100	500		250	250				
Summe	5500	Erfolgschancen: Ø 36 %		1990	150	500	730	360	160		

Tab. 2.12 Planung der Zielerreichung unter Berücksichtigung der durchschnittlichen Laufzeit der Projekte. (Quelle: Eigene Darstellung)

Auftragseingang pro Monat	Durchschnittliche Laufzeit der Angebote	Durchschnittliche Erfolgsquote der Angebote	Angebotsvolumen pro Monat SOLL	Angebotsvolumen pro Monat IST
Soll in T€:	in Monaten:	in %	Soll in T€:	Ist in T€:
500	3	36 %	4166	5500

Eigeninteresses wie Eignung des Projektes für die eigene Kompetenz usw. eingebaut werden (Tab. 2.12).

Fazit

Auch im Projektgeschäft muss das Key Account Management an der Beobachtung der Wettbewerbsfähigkeit der eigenen Angebote dran bleiben:

1. Wie verändern sich die Anforderungen der Projektausschreibungen?
2. Wie verändern sich die Angebote der eigenen Mitbewerber?
3. Was verändert sich bei den Kunden der Kunden oder in deren Märkten?
4. Welche Neuerungen gibt es im Umfeld, die für die Position des eigenen Angebotes von Bedeutung sein könnten?

2.3.2 Konsumgüterbereich bei Vertrieb über den Handel (FMCG)

Das Feld Die Summe aller Einzelumsätze bei allen (Key-)Kunden eines Segments

Das Ziel Sicherung der eigenen Position.

Im Bereich der Konsumgüterindustrie bei Vertrieb über den Lebensmittelhandel und über Drogeriemärkte ist die Kontrolle der Ist-Position einfacher. Der Grund liegt darin, dass es hier eine Fülle von sehr detaillierten Marktforschungsdaten gibt, vor allem aus der Industrie. Der Grund dafür war die Einführung der Selbstbedienung in den 1960er und 1970er Jahren. Um die Kontrolle über ihre Geschäfte mit dem Handel und des Handels zu behalten, musste die Konsumgüterindustrie die Marktforschung intensivieren, insbesondere im quantitativen Bereich der relativen Marktanteile in den einzelnen Handelsfirmen und ihren unterschiedlichen Vertriebslinien bis ins Detail der Abverkäufe einzelner Artikel pro führendes Geschäft. Die daraus generierten Werte vergleicht man mit seinen durchschnittlichen Werten für den Gesamtmarkt und kommt dadurch zu einer Abweichungsanalyse und zu konkreten Fragestellungen, warum bestimmte Werte in bestimmten Bereichen unter dem Durchschnitt liegen und wie man die Ursachen für die Erzielung wenigstens durchschnittlicher oder auch überdurchschnittlicher Werte auf die Teilbereiche übertragen kann, in denen zum Beispiel die relativen Marktanteile unterentwickelt sind. Das Ziel ist hier immer, in allen Teilbereichen dafür zu sorgen, dass optimale Voraussetzungen für den Absatz der eigenen Artikel gegeben sind (Abb. 2.6).

Drei Schlüsselfragen sind für die Abweichungsanalyse wichtig:

- Warum machen die „Schlechten" weniger als der Durchschnitt?
- Wie können wir die Erfolgsfaktoren der „Guten" auf die „Schlechten" übertragen?
- Wie können wir die „Schlechten" an den Durchschnitt heranführen?

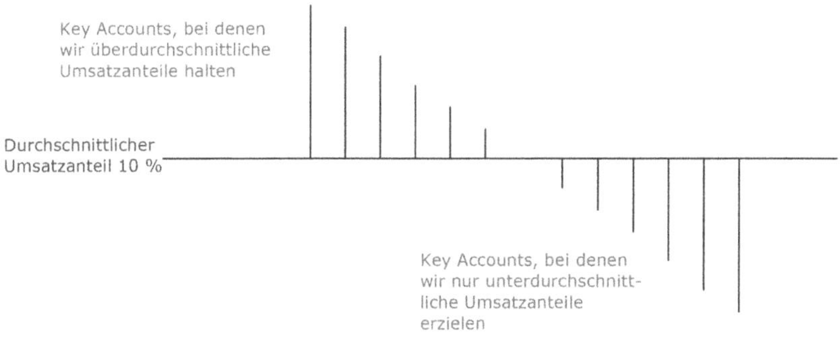

Abb. 2.6 Quantitative Potenzialanalyse durch Benchmarking (Querschnittsvergleich des eigenen Umsatzanteils bei mehreren vergleichbaren Kunden)

Liegt der relative Marktanteil beim einzelnen Key Account unter dem durchschnittlichen Marktanteil aller Kunden oder Outlets *dieser Art,* so ist eine Abweichungsanalyse hilfreich. Aus dieser sollte erkennbar werden, welche Ursachen negative Abweichungen haben. Meist sind sie hausgemacht und liegen in der Art der Anwendung (B2B) oder Vermarktung (B2C) der Produkte des Lieferanten durch z. B. Handelskunden (B2C). Dann geht es darum, die Schwächen der Vermarktung der Produkte des Herstellers/Lieferanten durch den Handelspartner ursachengerecht zu beheben.

Im B2C-Bereich ist es etwas einfacher, weil in den Handelsbetrieben die Vermarktungsprozesse von Firma zu Firma ähnlich sind. Unterschiede gibt es dort nach Branchen und Absatztypen oder Absatzkanälen. Aber im Grunde geht es auch im B2C-Bereich um die Stärken-Schwächen-Analyse des Kunden in Bezug auf die einzelnen Faktoren oder Instrumente seines Marketingmix, die man auch als Erfolgsfaktoren des Handelsmarketings bezeichnet.

Das kann man folgendermaßen darstellen und schafft sich dadurch Argumentationshilfen – nach innen für die Gewinnung entsprechender Budgets und Ressourcen, nach außen zur Überzeugung und Gewinnung des Kunden.

Die Werte für die einzelnen Positionen für die erfolgreiche Vermarktung der Produkte eines Herstellers durch den Handel kann man durch die Basierung auf ein typisches Outlet des Kunden generieren. Man bildet die Summe der Bewertung der Schwächen, Potenziale und Kosten bei allen Erfolgsfaktoren oder Instrumenten seines Marketingmix als Summe für ein Basis-Outlet. Diese Summe multipliziert man dann mit der Zahl aller gleich gelagerten und gleich (mangelhaft) geführten Outlets. Man erhält dann Zahlen entsprechend der Spalte 3 der vorstehenden Tab. 16, die man durch Überprüfung der Machbarkeit über die Spalten 4 und 5 in Spalte 6 realitätsgerecht „eindampfen“ muss.

Die Argumentation basiert auf dem Gedanken, dass der Handelspartner die ihm zugänglichen Produktsegmente bei den gemeinsamen Endkunden besser ausschöpfen kann, wenn er marktorientiert, verbraucherorientiert bzw. nachfragegerecht vermarktet, sich aufstellt und organisiert.

An dieses Beispiel soll nun gleich eine geeignete Methode des Key Account Selling angeschlossen werden. Ihre Anwendung dient dem Ziel, bestehende Potenziale beim Handel mindestens voll auszuschöpfen.

Angewandtes Key Account Selling zu diesem Schritt des Mitwachsens mit dem Kunden durch Unterstützung des Kunden bei der Ausschöpfung der gemeinsamen Absatzpotenziale bei den Endabnehmern (Tab. 2.14):

Maßnahmen

Die Probleme im Umgang zwischen Industrie und Handel in der Konsumgüterindustrie liegen in der Kommunikation über Themen der Verbesserung der Vermarktung der Industrieprodukte durch den Handel. Spricht man mit einem Einkäufer im Handel, so wird er sehr oft sagen: „Für uns zählt nur der Preis." Das ist natürlich Unsinn. Aber er hat in der Vergangenheit schon große Erfolge mit dieser Art von Kampf-Rhetorik erzielt. Der Vertriebsleiter im Handel wird Ihnen sagen: „Abverkauf, Umschlag und Spanne." Die Wahrheit des wirklichen Anforderungsprofils liegt irgendwo in der Mitte von beiden oder setzt sich noch aus einer Reihe von anderen Komponenten zusammen wie Flächenproduktivität, Flächenrentabilität, Rolle eines Artikels im Sortiments- und Ertragsmix, Umweltfreundlichkeit oder detaillierten Spezifikationen.

Im Handel hat es der Einkauf gar nicht gerne, wenn Marketer der Lieferanten auch mit anderen Abteilungen im Haus des Kunden sprechen, weil dies nur die Kampf-Rhetorik des Einkäufers stört. Dieser ist sich durchaus der weiteren Stärken des Produktes oder Sortimentes seines Lieferanten bewusst. Er stärkt seine Verhandlungsposition eben dadurch, dass er ein einziges Anforderungskriterium überpointiert und überspitzt verhandelt. Deshalb ist es enorm wichtig, den Kunden dazu zu bringen, ein Anforderungsprofil mit den spezifischen Anforderungen aller Abteilungen, aller Entschei-

Tab. 2.13 Stärken-Schwächen-Analyse des Marketingmix des Handelspartners, Kunde: Mustermann. (Quelle: Eigene Darstellung)

1. Handelsmarketinginstrumente: Der Vermarktungsprozess des Kunden und die Erfolgsfaktoren darin für den Abverkauf unserer Produkte	2. Wie stark ist der Kunde? Stärken-Schwächen-Bewertung dieses Kunden: schwach 1–10 stark	3. Was liegt drin? Potenzialreserve bei diesem Kunden (T€ p. a.)	4. Kann ich's bewegen? Lässt sich der Kunde durch Beratung beeinflussen? ja/nein	5. Was kostet's? Wie hoch sind die Kosten für die Erschließung dieser Potenzialreserve? (T €)	6. Was ist machbar? Welche Potenzialreserve ist im Verhältnis zu den erforderlichen Kosten ertragsmäßig sinnvoll realisierbar? (T €)
Sortimentsbildung: - *Listung analog zum* Vertriebstyp:	*8*	*500*	*ja*	*400*	ja, bei 5 Jahren Bindung *500*
- *Distribution/Warenpräsenz:*	*7*	*100*	*ja*	*0*	*100*
- *Platzierung:* * Stammplatz	*10*				
* Sonderplätze	*5*	*150*	*nein*	*0*	
- *Warenpräsentation:* * Kontaktstrecke/Frontstücke	*7*	*50*	*nein*	*0*	
* Regalbild/Layout	*8*	*50*	*ja*	*0*	*40*
Preispolitik: - *Normalpreis*	*10*				
- *Aktionspreis*	*8*	*−70*	*ja*	*0*	*−70*
Aktionspolitik: - *quantitativ*	*10*				
- *qualitativ*	*6*	*+80*	*ja*	*0*	*80*
Verkaufsförderung:	*10*				
Werbung d. Kunden:	*6*	*40*	*nein*		
Summen:		*900*		*400*	*650*

Tab. 2.14 Potenzialaktivierung bei Key Accounts durch Verkaufsförderung und dem Trade-Marketing-Plan, Kunde: Mustermann. (Quelle: Eigene Darstellung)

WO? Potenzialbereich im Marketing des Kunden (Tab. 2.13, Spalte 1)	WIEVIEL? Potenzialreserve (Tab. 2.13, Spalte 6)	WAS? Trade-Marketing-Maßnahmen: Maßnahmen des Lieferanten, um das Handelsmarketing zu verbessern und den Abverkauf zu fördern	T €: Zusatzkosten über Budget (T €)	WER? Initiative und Mitwirkung:	WANN?	
					Start:	Ende:
Neulistung Produkte X, Y	*500*	Listungsgespräch mit dem Kunden mit dem Ziel einer fünfjährigen Bindung führen	*400*	KAM, GF, VL	10.5.	30.9.
Verbesserung der Warenpräsenz	*100*	Beseitigung von Logistikdefiziten besprechen		KAM	10.5.	31.7
Verbesserung des Regalbildes	*40*	Regaloptimierung mithilfe „Apollo“ o. Ä. vorschlagen		KAM, CM	10.5.	31.10.
Optimierung der Qualität der Aktionen	*−70 +80*	Beratung des Kunden in Bezug auf die qualitative Verbesserung seiner Aktionen		KAM, ML	10.5.	30.6.
Summe	*650*		*400*		10.5.	31.10.

dungsträger oder aller am Beschaffungsprozess Mitwirkender zu erstellen. Dies ist Ausdruck professionellen Beschaffungsmarketings und wird so von Firmen mit hohem Beschaffungsniveau praktiziert.

Fazit

Die Überprüfung der eigenen Position bei einzelnen Key Accounts kennzeichnet den Einstieg in alle weiteren Überlegungen zum Halten und Ausbauen der eigenen Position bei diesen und über ihre Hebelwirkung im Gesamtmarkt. Sie erbringt oftmals die Erkenntnis, dass das Unternehmen für weitere Schritte zunächst mal spezifische Hausaufgaben erledigen und eigene Schwächen beseitigen oder am eigenen Angebot arbeiten muss, um die bisherige Position überhaupt zu halten und *danach* auszubauen. Das erfordert Überzeugungsarbeit a) zum Kunden hin (Kompensation von vordergründigen Schwächen durch von Kunden gewollte Stärken) und b) nach innen ins eigene Unternehmen hinein, um dieses für sinnvolle Verbesserungsmaßnahmen zu gewinnen.

2.4 Mitwachsen

Das Weiterkommen bei einem Kunden erfordert wie oben dargestellt zunächst, die bisherige Position zu überprüfen, zu festigen und dann auszubauen. Danach besteht die Chance, dass der Kunde den besten Lieferanten sein Wachstum mitmachen lässt.

Das Feld bei den Key Accounts ist hier gekennzeichnet durch die bisherigen Lieferungen und Volumina und die Beobachtung des tatsächlichen und auch des möglichen Wachstums des Kunden in seinen Märkten sowie den Möglichkeiten, die sich für Lieferanten daraus ergeben, mitzuwachsen.

Das Ziel ist es, etwaiges Wachstum eines Kunden zumindest proportional, d. h. entsprechend dem Wachstum des Einzelkunden, mitzumachen.

Maßnahmen

Wesentlich ist auch festzustellen und zu berücksichtigen, ob der einzelne Key Account jeweils stärker oder schwächer wächst als der entsprechende Markt. Bei pauschalen Top-down-Planungen, die gleichmäßig auf alle Kunden umgelegt werden müssen oder sollen, können hier wesentliche Steigerungspotenziale übersehen werden. Wird sie aber dennoch verlangt, so hat der Key Account Manager die Möglichkeit, die Kunden unterhalb dieser allgemeinen Soll-Größe individuell zu planen, und wird dabei erleben, dass im einen Falle mehr Potenzial als die allgemeine Zielgröße vorhanden ist und im anderen Falle halt weniger. Unterm Strich ergibt sich ein Mittel, zu dem der Key Account Manager seine generelle Zielerreichung steuert. Das heißt, dass die meisten Key Account Manager und Verkäufer durchaus die Reserven bei ihren Kunden kennen – aber nicht damit intern hausieren gehen.

Das Mitwachsen mit Kunden ist in aller Regel nicht kostenlos, weil in aller Regel höhere Absatzvolumina dem Kunden höhere Mengenrabatte bringen. Diese sind auch berechtigt und rechenbar, weil die Lieferung größerer Mengen in der Regel Kostenersparnisse beim Lieferanten ergibt, die zum Teil und als Anreiz an Kunden weitergegeben werden können. Es ist eine Frage des Interessenabgleichs in Jahresgesprächen, inwieweit man den Kunden an den eigenen Kosteneinsparungen beteiligt, z. B. durch bereits vorgesehene Mengenrabatte.

Im nachfolgenden Beispiel ist Ausgangspunkt der kundenbezogenen Planung der Vorjahresumsatz mit 1000. Bei der Planung müssen der Trend der vergangenen drei Jahre, das geschätzte Marktwachstum im Planjahr, das Kundenwachstum im Planjahr und – bei Planungen in Währungseinheiten – die Preissteigerung oder Preisreduktion berücksichtigt werden. Im Beispielsfalle ist das Wachstum des Kunden größer als das Marktwachstum und der Trend der letzten drei Jahre und es ist das erste Eckdatum für die Planung. Dazu kommt die Preissteigerung von 5 %, sodass mindestens 30 %

Produkt, Artikelqualität oder gesamt	Umsatz 2014 T€ oder Menge	Trend 2012–2014 % p. a.	Wachs-tum Markt 2015 geschätzt %	Wachstum Kunde 2015 erfragt %	Preisanpassung 2015 %	Gesamtpotenzial Kunde 2015 T€ oder Menge	Lieferanteile: Wir: 2014 %		MBW A:		MBW B:		MBW C:		Ziel 2015 T€/ Menge	Steigerung zum Vorjahr %
							Wir: 2014 %	Wir: 2015 %	MBW A: 2014 %	MBW A: 2015 %	MBW B: 2014 %	MBW B: 2015 %	MBW C: 2014 %	MBW C: 2015 %		
X	1000	+ 5 %	+ 20 %	+ 25 %	+ 5 %	xxxx									1300	+ 30 %

Abb. 2.7 Umsatzplanung und Zielkalkulation für Key Accounts bei laufendem Geschäft

Umsatzwachstum für das Produkt X bei diesem Kunden angestrebt werden müssen, wenn nur der Lieferanteil gehalten werden soll. Das kann man so darstellen (Abb. 2.7):

Im Projektgeschäft kommt es bei der Absicht, mit den Kunden mitzuwachsen, mehr auf die Betrachtung des gesamten Marktes oder Segmentes an, um den oder das es jeweils geht. Aus der Tabelle in Abb. 2.13 kann man ablesen, dass man eine momentane Erfolgsquote von 36 % innerhalb der Summe der angefragten Objekte hat. Dies entspricht grob gesagt auch dem Marktanteil im Projektgeschäft dieses Segments.

Wichtig sind zwei Dinge, auf die der Key Account Manager seine Aufmerksamkeit richten sollte:

a. Wie verändert sich die gesamte Angebotssumme in diesem Segment des Projektgeschäftes?
b. Wie entwickelt sich der eigene Marktanteil oder die eigene Erfolgsquote darin?

Danach bleibt es wieder eine Frage der Verbesserung des eigenen Leistungsprofils bei den eigenen Angeboten, um mit dem Markt mitwachsen und den eigenen Anteil darin halten oder ausbauen zu können.

Angewandtes Key Account Selling zu diesem Schritt des Mitwachsens mit dem Kunden
Das Mitwachsen mit dem Kunden erfordert zunächst die Identifikation des Wachstums des Kunden. Daran muss sich die eigene, firmeninterne und kundenbezogene Planung orientieren. Den Kunden davon zu überzeugen, dass aufgrund seines Wachstums auch der eigene Lieferumfang steigen muss oder sollte, gehört in den jährlich zu erstellenden Kundenentwicklungsplan hinein und muss im Jahresgespräch mit dem Kunden auf dieser Basis verhandelt werden. Voraussetzung für den Erfolg in dieser Verhandlung ist wiederum die Fähigkeit des Key Account Managers, die folgenden beiden – ewigen – Schlüsselfragen positiv beantworten und entsprechend der Beweisform unter 2.3 schlüssig nachweisen zu können:

- Welche Entscheidungskriterien sind wichtig für den Kunden?
- Was leisten wir besser als die Wettbewerber?

In der Konsumgüterindustrie wird dies seit Jahrzehnten mit den eigenen, generellen Marktanteilen im Verhältnis zum Lieferanteil oder dem relativen Marktanteil beim einzelnen Key Account argumentiert (siehe unter Abschn. 2.3.2).

Ausgangspunkt für die Stärken-Schwächen-Analyse im B2B-Bereich sind die einzelnen Etappen in den Prozessen des Kunden. Diese sind pro Branche und Betrieb recht unterschiedlich und müssen pro Fall individuell erhoben werden.

2.5 Ausweitungen des Lieferanteils

2.5.1 Der B2B-Bereich

Das Feld Alle Bereiche bei einem oder mehreren Key Accounts, aus denen man bisher seine Umsätze generiert („Brot- und Buttergeschäft“).

Das Ziel Die eigene Position, den eigenen Lieferanteil bzw. den eigenen relativen Marktanteil ausweiten.

Maßnahmen
Die Ausweitung des gesamten Lieferanteils bei Key Accounts und/oder im Marktsegment erfolgt zunächst durch Erhöhung der Lieferanteile mit den bisher bereits gelieferten Produkten. Dies setzt eigene Wettbewerbsvorteile voraus, die eine Argumentation für die Erhöhung der Lieferanteile hergeben und begründen helfen (siehe Tab. 2.9).

Außerdem muss die Beschaffungsstrategie des Kunden eine Erhöhung des Lieferanteils zulassen. In bestimmten Branchen wird auf bestimmten Sektoren strategisch Single Sourcing angestrebt („Alles aus einer Hand"). Das ist insbesondere im sog. Systemgeschäft der Fall, wo sicherzustellen ist, dass die einzelnen Komponenten des Gesamtsystems miteinander harmonieren, um Insellösungen zu vermeiden. In anderen Fällen, z. B. in vielen Bereichen der chemischen Industrie, wird auf Multiple Sourcing gesetzt, um die Abhängigkeit von einem einzelnen Lieferanten niedrig zu halten. Es gilt also für Key Account Manager, die Sourcing-Strategie des Kunden zu ergründen und sie entweder zu verändern, z. B. von Muliple Sourcing auf Single Sourcing. Dafür gibt es tragfähige Argumente, vor allem Vereinfachung des Umgangs mit Lieferanten, Kostenersparnis und Konditionenverbesserung. Oder: Wenn die Beschaffungsstrategie des Single Sourcing nicht den strategischen Versorgungsinteressen des Kunden entspricht, gilt es, dies zu erkennen und zu respektieren. Maßgeblich ist immer die Summe der Einzelfaktoren für den besseren Kundennutzen. Das erfordert vertiefte und umfassende Kundenkenntnis (Abb. 2.8).

Im vorliegenden Beispiel kann der Lieferanteil bei einem Key Account aufgrund von vorliegenden Wettbewerbsvorteilen gegenüber dem Mitbewerber B von 65 % auf 70 % ausgebaut werden. Die 70 % können zugleich die Grenze der Bereitschaft des Kunden kennzeichnen, sich von einem einzelnen Lieferanten zu stark abhängig zu machen.

Produkt, Artikelqualität oder gesamt	Umsatz 2014 T € oder Menge	Trend 2011–2014 in % p. a.	Wachstum Markt 2015 %	Wachstum Kunde 2015 %	Preisanpassung 2015 %	Gesamtpotential Kunde 2015 T € oder Menge	Lieferanteile: Wir: 2014 %		MBW A: 2014 %		MBW B: 2014 %		MBW C: 2014 %		Ziel 2015 T €/ Menge	Steigerung zum Vorjahr %
							2014 %	2015 %	2014 %	2015 %	2014 %	2015 %	2014 %	2015 %		
X	1000	+ 5 %	+20 %	+25 %	+ 5 %	xxxxx									1300	+ 30 %
X						2000[1]	65 %	70 %	20 %	20 %	15 %	10 %	---	---	1400	+ 40 %

[1] Quelle: Kunde. Oder Rückrechnung: 1300 = 65 %, x = 100 %. X= 1300 : 65 × 100 = 2000. 70 % aus 2000 = 1400

Abb. 2.8 Umsatzplanung und Zielkalkulation pro Key Account durch Erhöhung der Lieferanteile

Basis für die Zielkalkulation ist in diesem Falle das Gesamtpotenzial für das Planjahr 2015, welches sich per Dreisatz errechnet: Wenn 1300 gleich 65 % des Bedarfes des Kunden sind, sind 100 % des Bedarfes (1300:65·100=) 2000.

Aus diesem Gesamtpotenzial errechnet sich das neue Umsatzziel: 70 % Lieferanteil aus 2000 ergeben 1400.

Die häufigste Form der Ausweitung der Geschäfte besteht in der Neulistung und Aufnahme neuer Produkte im selben Geschäftsfeld des Kunden, in welchem man bisher schon tätig ist und Umsätze generiert.

Der Nutzen für den Kunden kann sich ergeben aus den Vorteilen einer Mengenkumulation von Bezügen bei einem (oder weniger) Lieferanten, also vor allem aus Konditionen- und Logistikvorteilen (Lieferantenkonzentration), und aus einer Vertiefung der Zusammenarbeit mit bestimmten Key Suppliern, die eine vertiefte qualitative Zusammenarbeit zur Produkt- und/oder Prozessverbesserung zur Folge haben kann.

Der Nutzen für das eigene Unternehmen ergibt sich zum einen aus dem zusätzlichen Umsatzvolumen und den dadurch erwirtschafteten Erträgen. Diese beinhalten die Kosten der Erschließung der zusätzlichen Umsätze, also auch Fragen der Passgenauigkeit und des Aufwandes für die Bewältigung von Erschließungsbarrieren bei der Ausweitung der Geschäfte. Zum anderen ergibt sich der Nutzen für das eigene Unternehmen aus der stärkeren Kundenbindung durch Erhöhung der (gegenseitigen) Abhängigkeit.

Die Grenzen der Lieferantenkonzentration liegen bei den Sicherheitsinteressen des Kunden einerseits, also z. B. einer größeren Abhängigkeit. Diese werden in aller Regel durch sehr rigide Vertrags- und Kontrollsysteme abgesichert. Sie liegen aber auch in einem positiven, ausweitenden Sinne bei dem Interesse nach Bezug von in sich kompatiblen Systemen, die eine Entscheidung für einen Lieferanten opportun erscheinen lässt (Single Sourcing). Zu bedenken ist aber aus der Sicht der Interessenlage des Lieferanten die möglicherweise steigende Abhängigkeit von weniger Kunden als Folge der Lieferantenkonzentration.

Fazit

Bei der kundenbezogenen Planung sollte man folgende Gesichtspunkte beachten:

1. Marktwachstum
2. Kundenwachstum
3. Preisanpassung

Je nach den Ergebnissen der Einzelbetrachtung wird sich die eigene Planungsgröße vor allem bei Großkunden an der Entwicklung und dem Wachstum des Einzelkunden orientieren müssen. Das bedeutet, dass man mit Kunden, die langsamer wachsen als der Markt, eben zunächst auch nur analog langsamer mitwachsen kann. Es bleibt aber später zu prüfen, was seitens eines Lieferanten getan werden kann, um dem Kunden zu helfen, wenigstens analog zum Marktwachstum mitzuwachsen.

2.5.2 Der Konsumgüterbereich bei Vertrieb über den Handel

Beim Vertrieb von Konsumgütern (FMCG) über den Handel spielen sowohl für die Generierung des Basisgeschäftes als auch für die Ausweitung von Lieferanteilen und Marktanteilen Verkaufsaktionen oder das Aktionsgeschäft eine große Rolle. Aktionen sind gekennzeichnet durch

- den besonders geeigneten Zeitpunkt (z. B. Schokolade vor Ostern und Weihnachten),
- die Art der Artikel,
- die Gestaltung des Preises,
- den Platz im Laden,
- die Bewerbung im Laden,
- die Bewerbung in Medien,
- und anderes mehr.

Der Nutzen für den Handel besteht vor allem in der Steigerung der Attraktivität seines Angebotes und der Steigerung der Kundenfrequenz.

Der Nutzen für den Lieferanten muss sorgfältig geplant werden, denn meistens lassen sich Handelskunden Aktionen von der Industrie und ihren Lieferanten teuer bezahlen. Und Marktanteile über den Preis zu erkaufen war schon immer die teuerste Methode. Dieses Gebiet ist gekennzeichnet durch ein sehr hohes, meist firmen- und sortiments-spezifisches Know-how und soll hier nicht weiter vertieft werden. Es spielt aber für die Praxis vieler Konsumgüterunternehmen eine sehr große Rolle.

2.6 Cross Selling als Potenzial für Geschäftsausweitungen

Das Feld Alle Bereiche eines einzelnen Key Accounts, in welche man bisher noch nicht liefert, obwohl man dafür die geeigneten Produkte, Dienstleistungen oder Lösungen hätte.

Das Ziel Die eigene Position bei Kunden und in Märkten ausweiten in bisher nicht abgedeckte Bereiche.

Maßnahmen

Cross Selling kennzeichnet ein Vorgehen, bei dem versucht wird, einen bestehenden Kundenkontakt umfassend für eine Geschäftsausweitung zu nutzen,

- indem aus anderen Produktgruppen oder Unternehmensbereichen des eigenen Unternehmens in den Bereich des Kunden hinein verkauft wird, zu dem Kontakte bereits bestehen,
- oder aus dem Bereich des eigenen Unternehmens und/oder der anderen Unternehmensbereiche in weitere Unternehmensbereiche des Kunden hinein zu verkaufen versucht wird.
- Die Chancen:
  - Mehrgeschäft zu generieren
  - Lieferanteile beim Kunden zu erhöhen
  - Kundenbindung zu festigen
- Die Widerstände:
  - Die weitergehenden Bedarfe des Kunden sind meistens bereits durch andere Lieferanten abgedeckt.
  - Das Image des eigenen Unternehmens für weitere Lieferungen ist beim Kunden möglicherweise durch die bisherige Zusammenarbeit eingeengt und/oder für die neuen Geschäftsfelder nicht oder noch nicht vorhanden. Die meisten Unternehmen und Branchen schöpfen deshalb Cross-Selling-Potenziale nur zu etwa einem Drittel aus. [3]
  - Ein weiterer Widerstand besteht bei großen Key Accounts oft durch die Tatsache des internen Wettbewerbs. Einzelne Bereiche suchen bewusst andere Wege als die vielleicht bewährten Wege ihrer internen Mitbewerber, weil sie sich intern als eigenständig profilieren und vermeiden wollen, dass ihnen nachgesagt wird, sie seien auf einen bestimmten Lieferanten nicht von selbst, sondern erst durch das Beispiel anderer Bereiche gekommen.
- Die Ursachen:
  - Nur ein Teil der Kunden möchte „alles aus einer Hand“ beziehen mit den Zielen der Lieferantenkonzentration, der Verein-

fachung des Handlings (One-Stop Shopping), des Bezugs von Systemlösungen, des Single Sourcings und der Ausschöpfung von Konditionenpotenzialen bei Key Suppliern, um die Beschaffungskosten zu optimieren.
  - Der andere Teil der Kunden möchte mindestens Double Sourcing betreiben und beim jeweils Besten der Kategorie (Category Captain, Best in Class, Marktführer usw.) beziehen. Die Ursache dafür liegt vor allem im Bedürfnis nach Versorgungssicherheit.
  - Ich habe das persönlich einmal ein solches Beispiel in einem Großkonzern der Lebensmittelindustrie erlebt, als ein Bereichsleiter von seinen eigenen – jüngeren – Mitarbeitern gedrängt wurde, nun endlich auch Key Account Management einzuführen. Er wehrte sich dagegen mit zum Teil abstrusen Argumenten und wies darauf hin, dass bei ihm die Verhältnisse anders lägen als in den Unternehmensbereichen, die Key Account Management bereits eingeführt hatten. Dabei vertrieb er die Produkte seines Unternehmensbereiches über dieselben Vertriebskanäle und Kunden wie die anderen Bereiche des Unternehmens. Eigentliches Motiv seines Widerstandes war seine dadurch verletzte Eitelkeit, dass er nicht von selbst und schon früher auf die Nützlichkeit der Einführung von Key Account Management gekommen war.
- Die Konsequenzen:
  - Aufgabe eines KAM ist es auch hier, die Kunden nach deren Beschaffungsstrategien zu erkennen, einzuordnen und entsprechend ihren Beschaffungsstrategien zu bearbeiten.

Angewandtes Key Account Selling zu diesem Schritt des Cross Sellings durch Unterstützung des Kunden bei der Nutzung von Potenzialen aus seinem Beschaffungs-Marketing

Widerstände bei Kunden überwinden

Bei dem Versuch, auch in andere Unternehmensbereiche des Kunden zu verkaufen, muss man die Imagebarrieren beim Kunden für seine eigene Kompetenz erkennen und überwinden: Ihr Unternehmen ist bei Ihren Key Accounts nicht unbekannt. Die Bekanntheit bezieht sich im Kern auf das, was Sie können (=Ihre Kompetenz). Dafür haben Sie ein Image (=eine Vorstellung) in den Köpfen der Entscheider der Kunden. Wenn Sie sich mit Ihren Angeboten gegenüber dem Key Account auf neue Gebiete begeben wollen, die Sie zwar beherrschen, auf denen Sie Ihr Kunde aber noch nicht kennengelernt hat, müssen Sie eine Imagebarriere überschreiten. Und Imagebarrieren zu überschreiten erfordert den Aufbau von Akzeptanz des Kunden und die Erfahrung des Kunden mit Ihnen, Ihren Produkten, Leistungen und Lösungen auf dem neuen Gebiet. Dazu kann man Folgendes machen:

- Ein Kontaktnetz zu den Entscheidern und Beeinflussern aufbauen und diese mit positiven Fachinformationen versorgen
- Referenzen anbieten
- Eine Hausmesse zur Vorstellung des eigenen Angebotes, z. B. im Hause des Kunden
- Eine Besichtigung des eigenen Betriebes anbieten und realisieren
- Fachartikel für die Entscheider lancieren in von diesen bevorzugten Medien
- Einen Musterauftrag oder ein Pilotprojekt anbieten
- Eine Beispielrechnung nach folgendem Muster anbieten:
  - Wie löst der Kunde sein einschlägiges Problem heute?
    - Welche Details hat die heutige Lösung?
    - Was kostet die heutige Lösung den Kunden?
    - Welchen Nutzen bringt die heutige Lösung dem Kunden?
  - Welche neue Lösung wollen Sie dem Kunden anbieten?
    - Wie sehen die Details Ihrer – der neuen – Lösung aus?
    - Was kostet die neue Lösung den Kunden?
    - Welchen Nutzen bringt die neue Lösung dem Kunden?

– Welchen Nutzenvorteil können Sie dem Kunden als Bilanz unterm Strich mit Ihrem Angebot einer neuen Lösung durch die Lösungsdetails und Ihren Preis bieten?

Eintrittsbarrieren resultieren aus den positiven Erfahrungen, die Kunden mit ihren bisherigen Lieferanten gemacht haben. Diese Erfahrungen befriedigen zwei sehr gewichtige Kaufmotive Ihrer Kunden, nämlich Sicherheit und Kontakt. Diese Barriere können Sie nur überwinden, wenn Sie einen größeren Nutzen durch Ihre Lösung und deren Details und Ihren vergleichsweisen Preis bieten (=besseres Preis-Leistungs-Verhältnis).

Der Kunde erwartet bei einem Lieferantenwechsel

- ein besseres Preis-Leistungs-Verhältnis,
- mindestens gleiche Sicherheit (Referenzen, Garantien) und
- unproblematische Kontakte.

Fazit

Cross Selling ist ein Feld für die Geschäftsausweitung, welches einen langen Atem und eine hohe Intensität erfordert. Oft wird diese Aufgabe an eine Stelle angehängt, die bereits laufendes Geschäft in derselben Kundenfirma generiert. Die Stelleninhaber werden vor allem oder nur am laufenden Geschäft gemessen und vernachlässigen das Cross Selling dementsprechend. So kann also kein Erfolg erzielt werden.

Eine Lösung besteht darin, die Stelle so zu definieren, dass die Inhaber für die einzelnen Arbeitsschritte in der Akquisition und als Wichtigstes für die Gewinnung des für das eigene Unternehmen neuen Teilbereichs des Kunden hoch honoriert werden (Compaq „New Business“ in den 1990er Jahren). Dadurch entsteht Zug für das Cross Selling. Andernfalls wird es mit linker Hand betrieben und bleibt erfolglos.

2.7 Strategiefindung

Das Feld Bestimmung der Grundlinie des eigenen Vorgehens mit und gegenüber einem Key Account.

Das Ziel Eine (oder differenziert mehrere) Vorgehensweisen definieren, die strategisch im Verhältnis zu einem definierten Einzelkunden im Moment Erfolg versprechend sind.

„Lieber Wachsen als sparen." Selbst in Krisenzeiten (z. B. 2009) setzen dynamische Firmen eher auf Wachstum als auf Kostenreduktion und schrumpfen. 2009 war der Geschäftsklimaindex des Münchner Ifo-Instituts – Ergebnis einer Befragung von 7000 deutschen Firmen – auf den niedrigsten Wert seit der Wiedervereinigung gefallen. Überraschend war deshalb das Resultat einer Umfrage der Unternehmensberatung Simon-Kucher bei den Vorständen und Geschäftsführern von 2600 Industriekonzernen: Demzufolge wollten die Manager trotz der Weltwirtschaftskrise nicht vor allem Kosten senken, sondern eher ihre Umsätze steigern – durch neue Produkte und die Erschließung neuer Märkte. Dafür wollte man auf mittlere Sicht sogar das Forschungsbudget kräftig aufstocken. Von Panik und Untergangsstimmung keine Spur.

Die Interviews wurden mit Firmenlenkern in Deutschland, Österreich, der Schweiz, Polen, Russland und Großbritannien geführt – und zwar zwischen September und November 2008, also nachdem die Finanzkrise sich noch mal stark zugespitzt hatte. Ein Drittel der Unternehmen setzte weniger als 50 Mio. € im Jahr um, die anderen Firmen waren größer. Nur jeder vierte Chef erklärte, auf die Turbulenzen in erster Linie mit Kostensenkungen reagieren zu wollen – sprich: Entlassungen, Betriebsverlagerungen oder sonstigen Sparprogrammen.

Die übrigen Dreiviertel legten ihren Schwerpunkt auf die Themen „Preispolitik" oder „Absatz". Sie hielten es mittelfristig, also für die kommenden drei oder fünf Jahre, für Erfolg versprechender, sich um höhere Einnahmen zu bemühen.

Wachsen und sparen schließen sich nicht vollständig aus: Selbst in Unternehmen, die lieber die Erlöse steigern als die Ausgaben verringern wollten, würden die Manager sicher prüfen, ob die eine oder andere Leistung nicht effizienter und billiger erbracht werden kann. Das zeigten auch die Antworten auf die Frage, was die wichtigsten

Aufgaben für die nächsten Jahre sind: Zwei Drittel der Firmen wollten ihre Geschäftsprozesse verbessern – im günstigsten Falle also mehr Aufträge mit weniger Aufwand abarbeiten.

Als bedeutendstes Ziel wurde genannt, innovativer zu werden. Die Betriebe beabsichtigten, den Anteil der Forschungsausgaben am Umsatz um ein Siebtel anzuheben – von durchschnittlich 6,3 auf 7,2 %. Außerdem sollte eine größere Portion der Erlöse von neuen Produkten stammen: 35 statt bisher 26 %. [4]

Nebenbei gesagt ist dies der Kern für den weltweiten Erfolg der deutschen Wirtschaft im globalen Wettbewerb: alte Geschäftsmodelle an veränderte Rahmenbedingungen im globalen Wettbewerb anzupassen, statt unter Beibehaltung seiner bisherigen, veralteten und nicht mehr wettbewerbsfähigen Geschäftsmodelle durch Kosten- und Personalreduktion die Positionen zu räumen. Man erinnere sich an den traurigen Rückzug der deutschen Photoindustrie in den 1960er und 1970er Jahren: Damit wanderte auch die Kernkompetenz für diese Geschäfte nach Japan ab.

Für die Geschäftsausweitung hat das Key Account Management Möglichkeiten und Verantwortung.

Für Michael E. Porter ist für eine Strategie die Fähigkeit wichtig, auf der Grundlage einer längerfristigen Betrachtungsweise einen (oder mehrere) Wettbewerbsvorteile zu entwickeln, die auf klaren Unterscheidungsmerkmalen beruhen. [5]

Maßnahmen

Für das weitere Vorgehen zur Erschließung von Reserven und zur Ausweitung der Geschäfte mit einem Key Account empfehlen sich Überlegungen zur Findung einer sinnvollen Strategie, die für die Geschäftsausweitung tragfähig ist. Theoretisch kann und sollte man das schon als erstes tun, bevor man einzelne Felder angeht. In der Praxis liegen allerdings die Entscheidungen über die Auswahl der Kunden, das Mitwachsen und die Lieferanteilsausweitung näher.

Die Überlegungen über die richtige kundenbezogene Strategie sind deshalb wichtig, um in einer Firma untereinander zu klären, wie man als Lieferant das Verhältnis zu einem definierten Kunden sieht und welche Schlussfolgerungen man dementsprechend für ein konkretes, untereinander abgestimmtes Vorgehen zieht und wie das gemeinsame Vorgehen dementsprechend entschieden wird (Kräftekonzentration). Strategie muss das schlüssige Vorgehen gegenüber einem Kunden klären. Schlüssig ist ein Vorgehen dann, wenn es

- der momentanen und angestrebten strategischen Position entspricht
- dem Kunden einen Mehrnutzen bringt
- als Ergebnis auch der eigenen Firma Nutzen bringt

Im Grunde kommen gegenüber Key Accounts nur wenige Strategien sinnvoll infrage:

2.7.1 Investitionsstrategie

Investitionsstrategie, um bei einem einzelnen Key Account ein Entrèe zu finden, „Land zu gewinnen" oder Lieferanteile zu bilden, zu entwickeln oder auszubauen. Diese Strategie empfiehlt sich immer dann, wenn ein Kunde für das eigene Unternehmen sehr attraktiv ist, die eigene Position und der Lieferanteil bei ihm aber unterentwickelt sind und ungenügend erscheinen. Die Konsequenz einer Investitionsstrategie ist der Verzicht auf maßgebliche Erträge während der – zeitlich begrenzbaren – Investitionsphase.

Es reicht allerdings nicht aus, dass man einem konkreten Kunden gegenüber eine Investitionsstrategie proklamiert. Vielmehr müssen die Maßnahmen dazu passen, stimmig sein und wirksam werden.

Diese müssen – wie fast immer – an den Punkten unter den Anforderungen des Kunden ansetzen, die aus dessen Sicht (ge-)wichtig sind, bei welchen noch Luft nach oben im Sinne der Möglichkeiten einer Leistungsverbesserung besteht und wo man unter, gleichauf oder nur sehr knapp über dem Leistungsniveau des Wettbewerbs liegt.

Tab. 2.15 Beispiel

Anforderungskriterium	Gewichtung aus Kundensicht (%)	Bewertung der Erfüllung aus Kundensicht	Wettbewerber
Leistungsfähigkeit des Systems	35	70	80
Sicherheit des Systems	25	80	80
Preis	20	50	80
Normung nach Standards	10	100	100
Lieferzuverlässigkeit	10	80	90
Summe	*100*	*330*	*430*

Im Beispiel in Tab. 2.15 bestünde Handlungsbedarf an allen Leistungsparametern oder man müsste die beiden ersten Parameter so stark verbessern, dass der Mehrpreis gerechtfertigt wäre. So erfordert die zu wählende Strategie der Stärkung der eigenen Position bzw. des eigenen Leistungsprofils Investitionen, die zeitlich begrenzt zu einem negativen Deckungsbeitrag aus diesen Umsätzen mit dem Kunden führen können. Schlüssig ist die Strategie dann, wenn diese Tatsache akzeptiert wird unter der Voraussetzung, dass diese Strategie nach gewisser Zeit zu Erträgen mit dem Kunden führt.

Eine große Herausforderung in der Praxis besteht in der Auswahl geeigneter Maßnahmen, um die eigenen Leistungsfaktoren und das eigene Leistungsprofil zur Wettbewerbsfähigkeit oder zu einem Wettbewerbsvorsprung auszubauen. Dies ist auch abhängig von der Phase in welcher sich ein Unternehmen mit einem seiner Key Accounts sieht, vgl. Abb. 2.9. Es reicht nicht aus, sich für eine Investitionsstrategie zu entscheiden, wenn die möglichen Maßnahmen dafür fehlen oder nicht passend sind. Also empfiehlt es sich immer, zunächst die möglichen und nötigen Maßnahmen für die Realisierung auf ihre Wirksamkeit und ihre Machbarkeit hin zu prüfen und dann die Frage der Investitionen und der Kosten dafür zu prüfen und zu entscheiden. An dieser Stelle wird die Frage des konkreten Vorgehens gegenüber Key Accounts zur Frage der unternehmerischen Intelligenz und Kreativität werden.

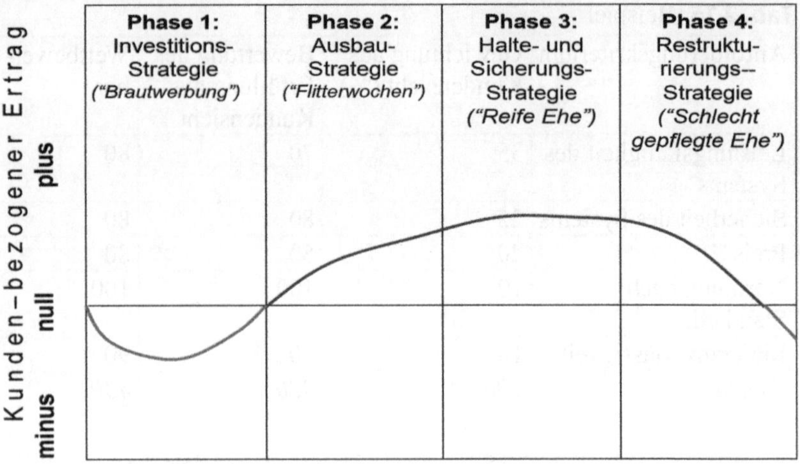

Abb. 2.9 Phasen der Beziehungen zu Kunden und die tendenziellen Erträge

Beispiel 1

Ein Klient in Asien forderte eine Strategie, bei der sowohl investiert als auch gleichzeitig die Kosten gesenkt und die Erträge gesteigert werden sollen. So was geht eigentlich nur, wenn man die Gesamtzahl aller Kunden und das Gesamtsortiment mit einbezieht und alles auf Teilsegmente herunterbricht, kaum aber gesamthaft.

Beispiel 2

Mein früherer, im Übrigen sehr geschätzter Chef drückte diese widersprüchliche Vorgehensweise in der Denke des typischen Schwaben so aus: „In den Markt ganget mir voll nei – aber das darf nix koschte!"

Im Bereich der Fragen zu sinnvollen einzelkundenbezogenen Investitionsstrategien spiegelt sich logischerweise die gesamte Aufgabenstellung der unternehmerischen Fähigkeiten wider, die notwendig sind, um in einem Markt oder Marktsegment erfolgreich zu sein. Denn wenn ein Unternehmen bei seinen Schlüsselkunden nicht erfolgreich ist, wird es auch im übrigen Markt Schwierigkeiten haben, erfolgreich zu sein. Alle übrigen Strategien sind eigentlich Ableitungen der Investitionsstrategie auf andere Situationen.

2.7.2 Ausbaustrategie

Die Ausbaustrategie geht bereits von einer besseren Position aus als die Investitionsstrategie. Mit ihr geht es darum, die eigene Position zu festigen und weiterzuentwickeln oder auszubauen sowie Lieferanteile zu erhöhen. Was dazu notwendig ist, ergibt sich in abgemildertem Maße aus den Erkenntnissen zur Investitionsstrategie: Es muss eben genau an den Punkten gearbeitet werden, die

- für den Kunden (ge-)wichtig sind,
- bei denen noch Luft für eine machbare Verbesserung besteht und
- bei denen der Wettbewerb gleichauf liegt oder besser ist.

Ansonsten gelten alle Erkenntnisse über die Wirksamkeit und Machbarkeit der zu treffenden Entscheidungen und durchzuführenden Maßnahmen in gleichem Maße wie bei einer Investitionsstrategie.

Der wesentliche Unterschied zur Investitionsstrategie liegt darin, dass in dieser Phase der Kundenbeziehung schon Lieferanteile vorliegen und Erträge aus den Geschäften mit dem Einzelkunden erwirtschaftet werden, was die Entscheidungen etwas erleichtern kann.

2.7.3 Strategie der Sicherung und des Haltens

Die Strategie der Sicherung und des Haltens ist angesagt, wenn das Lieferantenunternehmen beim einzelnen Key Account insgesamt oder in Teilsegmenten schon eine sehr starke Position hat, diese aber Tag für Tag erhalten und gegen die Angriffe von Mitbewerbern verteidigen muss. Auch hier gelten im Wesentlichen alle Erkenntnisse über die Wirksamkeit und Machbarkeit der zu treffenden Entscheidungen und durchzuführenden Maßnahmen in gleichem Maße wie bei einer Investitionsstrategie. Die größten Fehler, die in diesem Bereich – und auch allgemein im Gesamtunternehmen – gemacht werden können, sind Selbstgefälligkeit und Verschlafenheit (Abb. 2.10).

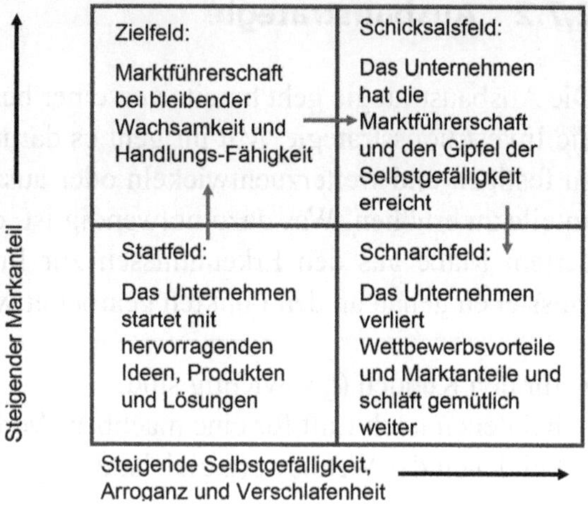

Abb. 2.10 Phasen der Beziehungen zu Kunden: Die Zusammenhänge zwischen Erfolg und Misserfolg von Unternehmen in Märkten

2.7.4 Restrukturierungsstrategie

Das Wort sagt schon aus, was hier vonnöten ist: mit dosiertem Aufwand zu versuchen, eine mittlere Position zu halten oder auszubauen. Das ist vor allem gegenüber Key Accounts angesagt, die immer noch attraktiv für das eigene Unternehmen sind. Hier sind irgendwann kundenbezogen oder generell mögliche und nötige Verbesserungen verschlafen worden, sodass bestehende Wettbewerbsvorteile verloren gingen und durch Preiszugeständnisse kompensiert werden mussten. Die Restrukturierung kann sich auf einzelne Faktoren des eigenen Leistungsprofils beziehen und in extremen Fällen auf das Gesamtangebot und die Gesamtpositionierung des Unternehmens (vergleiche Blackberry, Nokia, Kodak und viele andere mehr).

Leider kommen solche Phasen der Selbstgefälligkeit – trotz theoretischer Kenntnis dieser Gefahrenzone – in der Praxis immer wieder vor. Wenn dann weitsichtige Manager beherzt rechtzeitig eingreifen, fühlen sich viele Mitarbeiter in ihrem gemütlichen Trott zunächst einmal nur gestört. Deshalb kommt es schon darauf an, dass man gerade im Key Account Management und bei den eigenen

Schlüsselkunden rechtzeitig, besser frühzeitig, Signale erkennt, die auf eine Änderung der Orientierung dieser Kunden zu anderen und verbesserten Lösungen hinweisen.

2.7.5 Abschöpfungsstrategie

Eine Abschöpfungsstrategie bietet sich an gegenüber Kunden, die wenig attraktiv sind, bei denen das Unternehmen aber dennoch eine starke bis sehr starke Position hat. Das sind vor allem Kunden in schrumpfenden Märkten oder Kunden, die in attraktiven Märkten an Marktanteilen und Bedeutung verlieren. „Greife nie in ein fallendes Messer" heißt es dazu in den Finanzanlagemärkten. Es sei denn, dass man dem Kunden aus eigener Kraft ohne Verlust an Deckungsbeiträgen wieder auf die Sprünge helfen kann.

2.7.6 Strategie des geordneten Rückzugs

Nicht zuletzt eine Strategie des geordneten Rückzugs gegenüber Kunden, die wenig attraktiv sind, bei denen man nur eine schwache Position hat und auch kein Geld verdient. Hier fehlt in der Praxis oft der Mut zu einer klaren Entscheidung. Diese Entscheidung muss ja nicht als eine Trennung von diesem Kunden diesem gegenüber erklärt werden. Vielmehr kann man sich einvernehmlich darauf beschränken, diesen Kunden gegenüber keine aufwendigen Maßnahmen mehr zu ergreifen und dadurch ertragsmindernde Kosten zu verursachen.

Die interne Strategiefindung hat zunächst einmal die Bedeutung einer internen gemeinsamen Einschätzung des eigenen Vorgehens gegenüber einem Kunden.

Wichtig ist lieferantenintern, dass dann alle Bereiche über diese Strategie und ihre Folgen informiert sind und sich strategiekonform verhalten.

Darüber hinaus kann man die strategische Einschätzung eines Kunden aber auch mit diesem besprechen und ihn in die eigene Positionierung als Key Account und durchaus in die eigene Strategiefindung mit einbeziehen. Das bedeutet zunächst einmal die Information des Einzelkunden über die diesbezüglichen eigenen Ansichten. Zum anderen aber soll ein solches Gespräch vor allem die Einschätzung des eigenen (Lieferanten-)Unternehmens durch den Kunden befördern: Welche Rolle lässt der Kunde dem Lieferanten zukommen? Key Supplier oder Gelegenheitslieferant, oder eine Rolle zwischen diesen Extremen?

Das kann man im Rahmen von Jahresgesprächen oder APPs (Account Planning Process) tun. Daraus können sich wichtige, weiterführende Gespräche ergeben über die beidseitig aufeinander abzustimmenden Maßnahmen, um diese Kunden-Lieferanten-Beziehung im Allgemeinen und im Detail zu trimmen, um die Effizienz der Zusammenarbeit zu erhöhen und den Fluss von Informationen, Materialien und Lösungen in der Prozesskette zu optimieren.

Fazit

Die Findung und die interne wie externe Abstimmung der eigenen Strategie gegenüber einem Key Account beinhaltet ein eigenes Potenzial zur Geschäftsausweitung. Dieses Feld wurde nicht an erster Stelle dargestellt, da man sich in der Praxis zunächst einmal die praktischen und taktischen Möglichkeiten zur Geschäftsausweitung ansehen und erschließen muss, bevor man an strategische Fragen herangeht. Die Schritte, die dazu erläutert wurden, beinhalten auch sehr viele Maßnahmen der Prüfung, Bewertung und Verbesserung der eigenen Position und des eigenen Standings gegenüber Schlüsselkunden und damit eine wesentlich bessere – weil selbstkritische – Ausgangposition für weitere, vor allem für strategische Schritte.

2.8 Das Innovationsfeld

Das Feld Neue Produkte oder Lösungen in bestehenden Geschäftsfeldern oder auch neuen Geschäftsfeldern bei und mit einzelnen Key Accounts entwickeln und lancieren.

Das Ziel

a. Das Veralten von bestehenden Lösungen verhindern
b. Wettbewerbsvorteile erhalten
c. Wettbewerbsvorsprünge ausbauen
d. Die eigenen Positionen bei einzelnen Key Accounts und insgesamt verbessern

Die Vorgehensweisen und Maßnahmen

Innovationen sind die wichtigsten Treiber des Geschäftserfolges, der eigenen Wettbewerbsposition und der Geschäftsausweitung. Innovationen können bei der Sicherung der Position im Ausgangsfeld oder bei der Ausweitung der Geschäfte helfen. Innovationen können aber auch den Eintritt in neue Bedarfsfelder des Kunden, in denen man bisher noch nicht vertreten war, ermöglichen oder neue Bedarfsfelder mit und/oder für den Kunden bilden und erschließen helfen. Innovationen sollen vor allem den Kunden helfen, ihre Position in ihren Märkten erfolgreich zu verteidigen und auszubauen und dadurch auch dem eigenen Unternehmen nützen: Erfolgreiche Kunden sind eine gute Voraussetzung für eigene Erfolge.

Im Bereich der Innovation spielt sich heute bei der Zusammenarbeit zwischen Kunden und Lieferanten sehr viel ab. So gibt es in der Automobilindustrie seit Jahrzehnten gemeinsame Entwicklungen verschiedener Art, z. B. unter der Bezeichnung „Joint Development", „Simultaneous Development", „Simultaneous Engineering", „Resident Engineering" u. a. m. Im Lebensmittelhandel gibt es ebenfalls seit Jahrzehnten den „Inhouse Key Account Manager", der sein Büro in der Zentrale des Key Accounts hat, um mit diesem rasch auf geschäftspolitische Entwicklungen reagieren zu können.

Welche Möglichkeiten gibt es, durch eigene innovative Vorleistungen die Wettbewerbsfähigkeit und die Marktposition von Kunden zu verbessern? Wichtigste Punkte aus Kundensicht sind entsprechend einer Befragung von Unternehmen durch die Universität St. Gallen von 2007 über innovative Leistungen von Lieferanten (erster und zweiter Rang auf einer Skala von 0 bis 5 Punkten):

a. Neue und bessere Produkte anbieten als die Konkurrenz: 4,48 Punkte
b. Problemlösungspakete für Kunden mit Verbesserung der Wertschöpfung: 4,01 Punkte

Die Vorgehensweise in dieser Richtung kann man so gestalten:

- Arbeiten Sie sich in das Geschäftsmodell des Kunden hinein: Wie funktioniert es?
- Wie positioniert und profiliert sich der Kunde in den einzelnen seiner Liefersegmente gegenüber seinen eigenen Key Accounts?
  - Welche Anforderungen stellen seine Kunden an ihn?
  - Was leisten seine Mitbewerber?
  - Wo hat er Leistungsdefizite?
  - Wo hat er Handlungsbedarf zur Verbesserung seines Leistungsprofils?

Im Prinzip eignet sich für diese Diagnose wieder die Balanced Scorecard oder das Kgb-System (Tab. 2.5). Diese helfen zum Verständnis

- der Anforderungskriterien der Key Accounts des Kunden an diesen
- der Gewichtung dieser Anforderungen aus der Sicht der Key Accounts
- des Erfüllungsgrades dieser Anforderungen durch den Key Account selbst und durch seine Mitbewerber bei seinen wichtigsten Kunden
- der Defizite im Leistungsprofil des Key Accounts gegenüber seinen Kunden, und
- des Handlungsbedarfes des Key Accounts gegenüber seinen wichtigsten Kunden

Genau an diesem Punkt sind die Initialkraft und die Kreativität der Lieferanten gefragt. Hier kann man sich reaktiv verhalten, indem man abwartet, bis der Kunde auf einen mit der Suche nach besseren Lösungen zukommt. Oder proaktiv, wenn man aus seiner generellen Übersicht über Markt und alle Key Accounts erkennt, dass der Kunde mithilfe seines Lieferanten bestimmte Dinge besser lösen könnte. Es ist eine Frage der vorauseilenden Initiativkraft und Innovationshilfe, die hier zum Wettbewerbsvorteil des Key Account Managers des Lieferanten und seines Unternehmens werden können. Trotz aller Stellenbeschreibungen sei immer wieder darauf hingewiesen, dass ein wichtiges Qualifikationsmerkmal eines Key Account Managers sein Blick für Möglichkeiten ist, sich bei Key Accounts und damit in Märkte innovationsfördernd einzubringen, statt nur Aufträge abzuholen. Zu viele Key Account Manager beschränken sich auf die bloße Auftragseinholung und Auftragsabwicklung und sind damit nur Verkäufer. Aber schon ein guter Verkäufer hat einen Blick für Chancen, die Geschäfte mit seinen Kunden nicht nur quantitativ, sondern auch qualitativ auszuweiten. An dieser Stelle liegt ein kritischer Punkt für das Selbstverständnis, das Verhalten und die Arbeitsweise von Key Account Managern.

Für das konkrete Vorgehen auf diesem Feld empfiehlt sich Folgendes:

- **Interne Checks und Bilanzen:**
  - An welchen Stellen des Kunden können wir innovativ oder sonst wie eingreifen, um ihm zu helfen, die Wettbewerbsfaktoren in seinem Markt zu seinen Gunsten zu verbessern?
  - Was müssen wir unsererseits verbessern, um die Positionierung des Key Accounts bei seinen Kunden zu stärken?
    - Welche Leistungskriterien des Kunden müssen verbessert werden?
    - Welches Maß der Verbesserung ist nötig und kundennützlich?
    - Was kostet uns diese Verbesserung?
    - Können wir diese Kosten an den Kunden weitergeben?
    - Wenn wir die Kosten nicht an den Kunden weitergeben können: Wie wirken sie sich auf unseren kundenbezogenen Deckungsbeitrag aus?

- Wäre diese Deckungsbeitragsveränderung geschäftspolitisch vertretbar?

Externe Präsentationen:

- Machen Sie Ihre eigenen Innovationen und Verbesserungen dem Kunden gegenüber transparent:
  - Welchen Erfolgsfaktoren in seinem Markt oder welches seiner Leistungskriterien betreffen Ihre Firma und können von Ihnen mit beeinflusst werden?
  - Wie wirkt sich eine Verbesserung seiner Leistungskriterien durch Ihre Vorleistungen auf seinen Markterfolg aus
    - Umsatzausweitung?
    - Preiserhöhung?
    - Deckungsbeitrag-Verbesserung?
    - Kostenreduzierung?
- Ziehen Sie ein **Fazit** aus Ihren Verbesserungsmaßnahmen und handeln Sie sich dadurch – wenn möglich – eine geeignete Gegenleistung des Kunden ein. Das könnten Umsatzausweitungen, Lieferanteilserhöhungen oder Konditionenverbesserungen sein, auf jeden Fall eine Verbesserung Ihres Standings beim Kunden als proaktiver und innovativer Lieferant mit der Folge der Erlangung oder Festigung der Stellung eines Vorzugslieferanten oder First Choice Partners.

Innovation als Haupttriebfeder zur Verbesserung der eigenen Wettbewerbs-Vorteile und der damit möglichen Erfolge in Märkten und bei Key Accounts.

Zwei Informationen zur Zusammenarbeit zwischen Hersteller und Lieferanten bei Innovationen:

Beispiel 1: Automobilzulieferindustrie in Deutschland [6]

„Deutsche Autohersteller sind am findigsten“ und verschaffen sich dadurch Wettbewerbsvorteile im internationalen Wettbewerbsumfeld. Haupttreiber der erhöhten Innovationsdynamik sind der Zwang, Sprit zu sparen und den Ausstoß an Kohlendioxid zu senken.

Die Vorreiterrolle der deutschen Automobilindustrie erklärt sich zum Teil aus der räumlichen Nähe mehrerer Hersteller in Deutschland: Das heizt den Wettbewerb zusätzlich an. Zum anderen ist ein Haupttreiber die örtliche Nähe der Zulieferer zu den Entwicklungszentren der Hersteller (Resident Engineers, Inhouse Key Account Manager)

Beispiel 2: BMW Group [7]

„Die besten Ideen entstehen gemeinsam"

Die BMW Group gratuliert den Preisträgern des Supplier Innovation Awards 2013.

Am 11. April 2013 hat die BMW Group zum zweiten Mal den Supplier Innovation Award verliehen. In acht Kategorien würdigte BMW damit herausragende Leistungen seiner Lieferanten. Wir möchten auf diesem Wege unseren Partnern Danke sagen. Danke für die Zusammenarbeit. Danke für die Unterstützung bei der Bewältigung der gemeinsamen Herausforderungen. Und danke für die hervorragenden Ideen!

Herzlichen Glückwunsch allen Preisträgern!

Kategorie:	Preisträger:
Efficient Dynamics	BorgWarner Turbo Systems GmbH
Leichtbau	Magna BDW technologies GmbH
Connected Drive	Peiker Acustic Gmbh & Co. KG
New Technology Experience	Dräxlmaier Group
Qualität	Friedrich Boysen Gmbh & Co. KG
Produktivität	R. Scheuchl GmbH
Sustainability	AUNDE Achter & Ebels GmbH
Sonderpreis Innovationspartnerschaft	Robert Bosch GmbH

Es ist außerordentlich wichtig, dass ein Lieferant versteht, welche Bedeutung die Innovationskompetenz und die Innovationskraft je nach Marktsegment und Key Account für seine Kunden hat. Manche lassen sich wiederum von Einkäuferrhetorik einlullen, mit der behauptet wird, dass Innovationen überhaupt keine Rolle mehr spielen: ein gefährliches Spiel, durch welches man sich nicht einschläfern lassen sollte. In den Anforderungsprofilen zum Beispiel der Firma Bosch findet man die Punkte „Kompetenz“ und „Innovationskraft“ als eigenständige Anforderungskriterien an Lieferanten. Bosch ist eine der deutschen Firmen mit den meisten Patentanmeldungen pro Jahr. Nicht nur deshalb muss man an innovativem Denken und Handeln und an der ständigen Verbesserung des Gesamtauftritts stets dran bleiben. Denn revolutionäre Innovationen kommen oft unvorhergesehen aus völlig anderen Branchen als technische Totalsubstitutionen. Die größte Gefahr bei Kunden und Lieferanten ist die Selbstgefälligkeit („Das haben wir schon immer so gemacht.“, „Das haben wir noch nie so gemacht.“. „Nach meiner dreißigjährigen Erfahrung geht das nicht.“ usw.). Deshalb ist es eine ganz wichtige Aufgabe für Key Account Manager, über den Tellerrand der eigenen Firma und der eigenen Branche und zusätzlich über den Tellerrand der Key Accounts und ihrer Branchen hinaus ständig den Blick nach Innovationen, Veränderungen und Substitutionswettbewerb zu haben und schon schwache Signale in die eigene Firma und die Unternehmen der Key Accounts zu kommunizieren.

Fazit

Innovation entsteht nicht aus dem Nichts, sondern aus zahlreichen kleinen und größeren Beobachtungen vieler Mitarbeiter des Unternehmens, die sich dann zu gesamthaften Einsichten und Entscheidungen verdichten. Key Account Manager erhalten hierzu Informationen aus vorderster Front und aus der wichtigsten Quelle: dem Kunden. Diese werden aber nur wirksam, wenn sie nach innen getragen und mit anderen Informationen zu Innovationen verarbeitet werden können. Ich erinnere mich an einen Manager, der gerade diesen Prozess intern dadurch blockierte, dass er auf seinem Schreibtisch demonstrativ ein Schild stehen hatte mit dem Text: „We do it my way!“!

2.9 Kunden stärken

Das Feld Die Möglichkeiten der internen Steigerung von Produktivität und/oder Effizienz im eigenen Unternehmen ausloten und eventuell die Ergebnisse an Kunden weitergeben.

Das Ziel

a. Die Effizienz der Arbeitsweisen im eigenen Unternehmen überprüfen und ggf. verbessern
b. Positive Ergebnisse daraus ggf. ganz oder teilweise an Key Accounts weitergeben (oder für die Steigerung der eigenen Erträge verwenden) und
c. dadurch die eigenen Positionen beim Key Account und die Position des Key Accounts in seinen Märkten unterstützen.

Hier geht es darum, die eigene Arbeitsweise laufend zu verbessern, was in den allermeisten Firmen als Standardprogramm installiert ist (Kaizen: laufende Verbesserung der Gestaltungs- und Produktionsabläufe).

Die Frage, wie die Resultate dieser Verbesserungen zu verteilen sind, ist eine solche der eigenen Geschäftspolitik. Die Resultate können einmal der Verbesserung der eigenen Erträge dienen, aber auch an Kunden weitergegeben werden, insbesondere, wenn diese durch ihre Anregungen oder durch ihre Beschaffungspolitik mit zur Verbesserung der eigenen Arbeitsweisen beigetragen haben. Die Ergebnisse der eigenen Bemühungen der internen Effizienzsteigerung können auch zur (Wieder-)Herstellung der eigenen Preiswettbewerbsfähigkeit verwendet werden.

Es kann sich dabei um Effizienzsteigerung in den eigenen Arbeitsprozessen in fast allen Bereichen des Unternehmens handeln, vor allem aber Produktgestaltung, Produktion, Vertrieb, Logistik und Administration und deren Vernetzungen untereinander und mit dem Kunden. Im Folgenden wird gezielt nur auf die Steigerungsmöglichkeiten der Effizienz im Vertrieb eingegangen, da hier eine vertriebsbezogene Betrachtung vorgenommen wird, die keinen Anspruch auf

Kompetenz für z. B. Produktion oder Administration erhebt. Unter den Aspekten des Kaizens müssen natürlich auch diese Bereiche ständig auf ihre Potenzialreserven zur Effizienzsteigerung geprüft und optimiert werden, deren Ergebnisse dann eben zur Verbesserung der eigenen Rendite oder zur Steigerung der eigenen Kostenwettbewerbsfähigkeit verwendet werden können.

Aspekte der Effizienzsteigerung im Vertrieb

Alle Unternehmen stehen seit Langem vor der Aufgabe, „Lean Management" oder schlanke und effiziente Unternehmensführung zu betreiben.

Grundsätzlich geht es in allen Unternehmensbereichen laufend darum, Strukturen, Prozesse und Abläufe effizienter zu gestalten, d. h., mit weniger Aufwand das gleiche oder sogar ein besseres Ergebnis zu erzielen.

Ob man dabei erzielte Kosteneinsparungen an Kunden weitergibt, richtet sich auch nach der Wettbewerbssituation, dem Preis-Leistungs-Verhältnis und der Preissensibilität.

Aber wichtig für „Marketer" sind vor allem Effizienzsteigerungsmöglichkeiten im Vertrieb, die im Folgenden dargestellt werden. Effizient arbeitet ein Vertrieb dann, wenn er mit minimalem Mitteleinsatz maximale Erfolge erzielen kann.

Aus einer Studie von Dirk Zupancic von der Universität St. Gallen ergeben sich folgende Faktoren für „Excellence in Sales" in der Reihenfolge ihrer Wichtigkeit für die Unternehmen:

- Positives Image des Verkaufs (und natürlich auch des Key Account Managements) im eigenen Unternehmen
- Definition der Prozessschritte
- Unterstützung der Prozessschritte durch interne Ressourcen
- Unterstützung durch interne Strukturen
- Schriftliche Kundenplanung (die von Verkäufern ungern gemacht wird, weil sie sich festlegen müssen – für Key Account Manager ein zweifelsfreies „Must")

- Hohe soziale Kompetenz, starkes Charisma der Key Account Manager
- Hohe fachliche Kompetenz der Key Account Manager
- Einsatz eines aktuellen CRM-Systems

Desgleichen ermittelte Zupancic Faktoren für die Führung des Vertriebs nach Zielen wie folgt:

- Neukundengewinnung
- Durchschnittliche Auftragsgröße
- Potenzialausschöpfung pro Kunde bzw. Lieferanteil und dessen Entwicklung
- Deckungsbeitrag pro Kunde
- Kundenerhalt oder verlorene Kunden

Die Reihenfolge charakterisiert in beiden Betrachtungen die Bedeutung, die die befragten Firmen diesen Faktoren beimessen. Das Ergebnis zeigt bei allen betrachteten Faktoren, dass die Zehn-Prozent-Top-Firmen jeweils pro Faktor markant besser ausgestattet waren als der Durchschnitt.

Diese Ergebnisse können nicht unkommentiert bleiben, weil sich die Erkenntnisse inzwischen natürlich auch weiterentwickelt haben:

2.9.1 Das Image des Verkaufs und des Key Account Managements

Das Image des Verkaufs und des Key Account Managements im eigenen Unternehmen und beim Kunden ist ein sehr diffiziles Thema. Denn der Vertrieb insgesamt ist Mittler zwischen Unternehmen und Markt bzw. Kunden. Er hat eine doppelte Funktion:

a. Die Botschaft über die eigenen Produkte, Dienstleistungen und Lösungen nach außen zu tragen und mit ihren Nutzenvorteilen für Kunden zu argumentieren

b. Die Wünsche und Anforderungen von Kunden zu verstehen und nach innen zu tragen

Zwischen diesen beiden Fronten ist der Key Account Manager wie der Verkäufer eine Art Grenzgänger oder Borderliner – er will und muss zwei Herren dienen: der eigenen Firma und deren Kunden. In der Psychologie wird Borderline als emotional instabile Persönlichkeitsstörung bezeichnet. Sie ist gekennzeichnet durch Impulsivität und Instabilität in zwischenmenschlichen Beziehungen, Stimmungen und dem eigenen Selbstbild. Nun, ganz so schlimm ist es im Verkauf bestimmt nicht. Dennoch lebt der Key Account Manager als „Wanderer zwischen zwei Welten", als „Schnittstellenmanager" oder besser „Nahtstellenmanager". Der Key Account Manager soll „in den Köpfen seiner Kunden spazieren gehen können". Diese Doppelrolle kann sich durch negatives und teilweise paradox wirkendes Verhalten in zwischenmenschlichen Beziehungen sowie in einem gestörten Verhältnis zu sich selbst äußern. Das hat auch zur Folge, dass er oft misstrauisch sowohl von seiner Firma als auch von seinen Kunden gesehen wird: Man entdeckt bei ihm ein Janusgesicht mit zwei unterschiedlichen Seiten. Und das hat einen immensen Einfluss auf sein Image: Genau das ist der Kern seines Imageproblems. Dieses liegt aber nicht in der Persönlichkeit des Key Account Managers, sondern ausschließlich in seiner o. a. Rolle im Prozess, wie er diese lebt und deren Verständnis durch seine eigene Firma. Extrem gelebte Rollen fallen meist erst auf, wenn es zu spät ist. So kam heraus, dass bei Goldman Sachs in New York die Kunden als „Muppets" bezeichnet wurden. Möglicherweise hat das den Chefs gut gefallen. Doch kennzeichnet natürlich eine solche verheerend negative Einstellung des Unternehmens und seiner Mitarbeiter zu ihren Kunden eine völlig firmenbezogene Einstellung ohne Rücksicht auf Verluste bei den Kunden. Oder ich erinnere mich an das Beispiel einer Führungskraft in einem Key-Account-Management-Seminar, die vor allem ein Kundenerziehungsprogramm verlangte, um die Kunden an das bestehende Leistungsprofil des Unternehmens zu gewöhnen, statt dieses an die Anforderungen der Kunden anzupassen. Ein guter Key Account Manager dient seinem Unternehmen nicht, wenn er Informationen und Signale seiner Kunden unter den Tisch fallen lässt, nur um im eigenen Unternehmen nicht anzuecken. Ein Key Account Manager muss da eben nach beiden Seiten hin auch (nicht „nur") Kante zeigen können. Wesentlich ist jedoch die Akzeptanz der Auswirkungen einer natürlichen und nützlichen Doppelrolle eines Key Account Managers durch das Unternehmen und vor allem durch dessen Führung. Die Führung des Key Account Managements muss dafür sorgen, dass die Key Account Manager ernst genommen werden und ihnen Rückendeckung nach außen gegeben wird, und zum anderen muss die Führung ihre Anstöße von außen ernst nehmen, sorgfältig erörtern und prüfen sowie helfen, daraus resultierende sinnvolle Verbesserungen und Optimierungen intern durchzusetzen.

Die Informationen, die Key Account Manager von ihren Kunden erhalten, müssen intern verarbeitet werden durch Filtern, Bewerten und das Ziehen von Schlussfolgerungen für nachfolgende Aktivitäten. Dazu empfiehlt es sich, diese Informationen

- zu sammeln
- zu gewichten nach Häufigkeit
- zu bewerten nach Nützlichkeit
- in eine Rangfolge aus Häufigkeit und Nützlichkeit zu bringen
- die Machbarkeit zu prüfen
- die Kosten zu ermitteln
- die Möglichkeit einer Umlegung der Kosten auf die Kunden zu prüfen
- Schlussfolgerungen daraus zu ziehen und
- das Ergebnis daraus auf eine Handlungsschiene zu bringen
- oder eine Begründung zu liefern, warum man eben das nicht tut

Auch für diesen „Ideenverwertungsfilter" sind wiederum eine Balanced Scorecard oder ein Kgb-System hilfreich.

Bei der Sammlung und Verarbeitung von Informationen ergeben sich nicht unwesentliche Probleme:

- Kunden jammern oft in überzogener Form, um sich dadurch Verhandlungspositionen für Konditionengespräche aufzubauen („Klagemauer-Technik").
- Key Account Manager tragen diese Informationen eins zu eins unreflektiert („Warum sagt mir der Kunde das?") und ungefiltert in ihre Unternehmen hinein, oft mit nicht unerheblichem emotionalen Nachdruck.
- Mitarbeiter im eigenen Unternehmen fühlen sich durch neue Vorschläge und Forderungen von außen auf den Fuß getreten und blocken.
- usw.

Deshalb sind in vielen Unternehmen Arbeitskreise installiert, die dies verhindern und die Vorgänge solcher Ideenverarbeitung versachlichen helfen sollen:

- Arbeitskreise, die dies zunächst nur im eigenen Unternehmen tun, um die Ergebnisse danach mit den Kunden zu diskutieren. Teilweise helfen dabei auch beidseitig besetzte Ideenbörsen oder auch Kundenbeiräte.
- Arbeitskreise, die besetzt sind von Mitarbeitern des Key Accounts sowie solchen des eigenen Unternehmens, die sich zum Teil sporadisch, zum Teil regelmäßig oder zum Teil permanent zur Prüfung von Verbesserungsmöglichkeiten treffen.

2.9.2 Definition der Prozessschritte

Verkauf beginnt eigentlich immer mit einem Bedarf des Kunden. Wenn Sie etwas kochen wollen, überlegen Sie, wo Sie das Gemüse kaufen können und gehen z. B. auf den Elisabethmarkt in München.

Sie suchen sich einen Händler Ihres Vertrauens aus und begutachten seine ausgelegte Ware. Dann treffen Sie eine Entscheidung, informieren den Händler darüber, was und wie viel Sie kaufen wollen. Der Händler packt das Gemüse ein, nennt Ihnen seinen Preis und Sie bezahlen. Damit ist dieser Kaufvorgang und der Sales Circle, dem er folgt, abgeschlossen. Ein einfacher Kaufvorgang, der folgende Elemente enthält:

- Bedarf
- Lieferantensuche
- Lieferantenauswahl
- Prüfung des Angebotes
- Auswahl eines Produktes
- Lieferung dieses Produktes
- Bezahlung

So oder so ähnlich laufen eigentlich die meisten Kaufprozesse ab und weder die Elemente noch die Reihenfolge bergen große Geheimnisse. Die Initiative für den Verkaufsvorgang geht vom Kunden aus.

Die Definition der Prozessschritte in der Bearbeitung von Key Accounts habe ich erstmals in meinem Buch *Key Account Management: Wettbewerbsvorteile durch kundenbezogene Strategien* als Kundenbearbeitungsmodell seit dem Jahre 1992 wie in Abb. 2.11 dargestellt:

Das Modell kennzeichnet eine Folge von Prozessschritten, die einmal bei der Einführung von Key Account Management, später aber auch bei der Routinebearbeitung von Key Accounts hilfreich ist. Die „Karteikarten" hinter jedem Symbol für einen der Prozessschritte sollen die Aufgaben, die Werkzeuge zu ihrer Bewältigung und weitere Hilfen charakterisieren, die hier zur Verfügung stehen können und müssen und die in meinem Werkzeugkasten „SIKAM-Tools" enthalten sind.

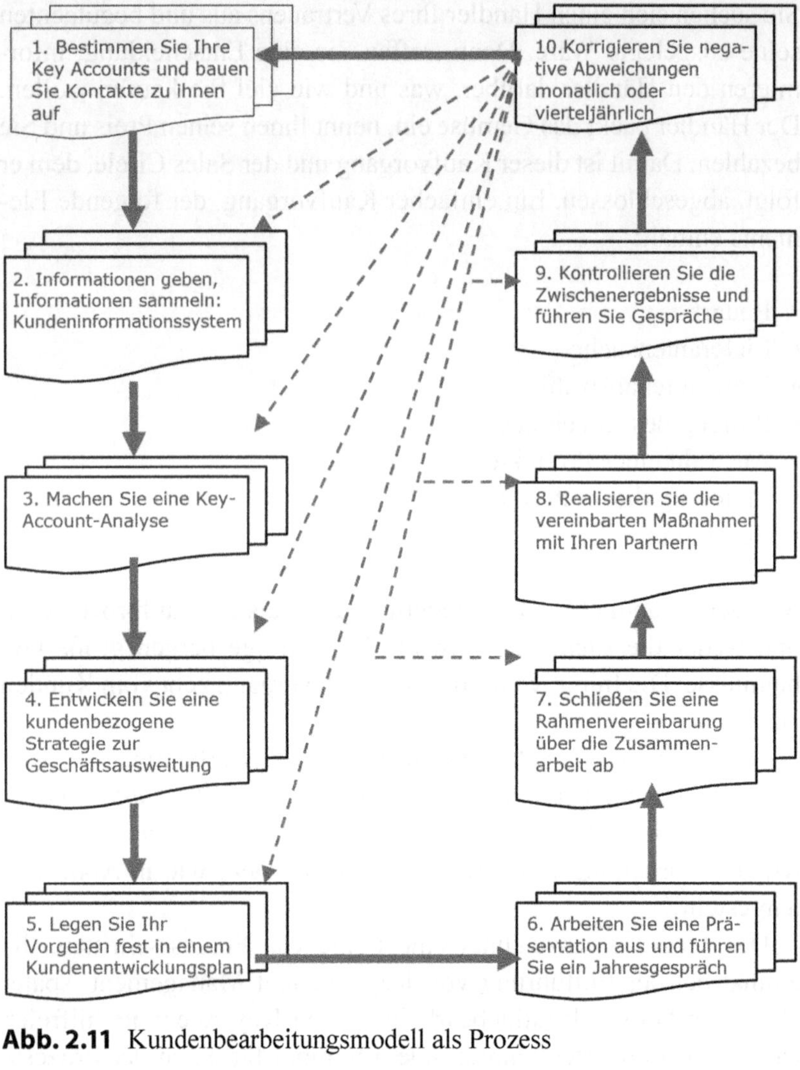

Abb. 2.11 Kundenbearbeitungsmodell als Prozess

Selbstverständlich sind während der Tagesroutine nicht alle Prozessschritte von gleicher Bedeutung. Wichtig ist hingegen der sichere Blick und Instinkt dafür, wo bei Abweichungen gezielt angesetzt werden kann und muss.

Meine Kollegen mit dem sog. St. Galler Management-Modell haben dies erweitert, aber auch die Komplexität im Verhältnis zu den normalen Anforderungen der Praxis sehr stark erhöht. Zu berücksichtigen ist dabei sicherlich, dass globale Großfirmen für ihre Situation umfassendere Modelle wünschen. Aber auch in diesen Firmen ist der Grundsatz „KISS" sehr hilfreich: „Keep it simple and stupid/short".

2.9.3 Unterstützung der Prozessschritte durch interne Ressourcen

Dazu gibt es interessante empirische Untersuchungsergebnisse des Erfolgs des Key Account Managements auf der Basis der Daten von 264 deutschen und 121 amerikanischen Unternehmen der Branchen Lebensmittel, Chemie und Pharma, Maschinenbau, Elektronik, Banken und Versicherungen [8].

Für die Unterstützung des Key Account Managements wurden die folgenden Erfolgsfaktoren ermittelt:

- Personen
  1. Professionell ausgebildete Key Account Manager und deren Installation in adäquater Position
  2. Ein gut ausgebildetes Team, das für die Key Accounts arbeitet
  3. Unterstützung des KAM durch das Topmanagement
- Ressourcen
  4. Unterstützung des Key Account Managements durch Marketing und Vertrieb
  5. Unterstützung des Key Account Managements durch Ressourcen außerhalb von Marketing und Vertrieb
  6. Korpsgeist im Selling Center
- Maßnahmen:
  7. Intensität der Maßnahmen
  8. Proaktivität der Maßnahmen

Alle Unterstützungsmaßnahmen müssen von allen Beteiligten engagiert getragen werden. Für die Intensität als auch für die Proaktivität der Maßnahmen hat allerdings das Key Account Management selbst eine besondere Verantwortung und muss sich in vielen Fällen von der Rolle des „Auftragssammlers“ zum Gestalter der Geschäftsbeziehungen und der Geschäftsausweitung mit dem Kunden hin bewegen, also vom „Jäger und Sammler“ zum „Farmer“ oder zum „Heger und Pfleger“. Das fällt Mitarbeitern schwer, die reine Produktverkäufer sind und sich nicht in die Doppelrolle des Key Account Managers einleben können.

Die Realität in der Praxis sieht leider auch heute noch sehr oft anders aus: In einer Internetdiskussion im Jahre 2014 über Key Account Management stellt Mihaly Nagy „Die sieben Sünden im Key Account Management” dar:

2.9.3.1 Sieben Todsünden im Key Account Management

1. **Kurzfristige Gewinnziele statt langfristige Ziele:** Während Key Account Management eigentlich langfristige Ziele verfolgt, neigen viele Unternehmen dazu, Key Account Management zu vergessen und drücken stattdessen Produkte und Dienstleistungen in die Kundenunternehmen, um kurzfristige Ziele zu erreichen.
2. **Die Einstufung des Key Account Managements als Verkaufsinitiative:** Viel zu oft wird Key Account Management von der Verkaufsabteilung als eine Unterabteilung des Marketings betrachtet, statt einen firmenweiten strategischen Ansatz für das Management von Key Accounts zu betreiben.
3. **Mangel an interner einheitlicher Ausrichtung:** Während Key Account Manager wissen, wer ihre Key Accounts sind, weiß das der Rest der Firma nicht und trägt nichts dazu bei, den Wert der Key Accounts für das eigene Unternehmen zu steigern.
4. **Mangel an Ressourcen:** Da das Key Account Management unterhalb des Verkaufs angesiedelt ist, erhält es nicht die nötigen

Ressourcen, um optimale Resultate aus den Geschäften mit den Key Accounts erzielen zu können.

5. **Mangel an Kompetenz für Key Account Manager:** Unglücklicherweise ist es eine Angewohnheit vieler Unternehmen, Key Account Management als nächste Beförderungsstufe für Verkäufer anzusehen. Leider erfordern Verkauf und Key Account Management zum großen Teil völlig unterschiedliche Fähigkeiten und Fachkompetenzen, und die Unternehmen achten auch nicht darauf, diese Kompetenzen durch Weiterbildung und Training zu vermitteln.
6. **Falsche Budgetverteilung:** Da Key Account Management oft bis fast immer keine firmenweite Initiative und Aktivität ist, erhält es auch kaum eigene Budgets, die notwendig sind, um Key-Account-Geschäft zu generieren. Teilweise müssen sie sogar um die Genehmigung von Reisekosten zum Key Account bei der Vertriebsleitung betteln.
7. **Mangel an Mut:** Auch große und gute Kunden sind halt oftmals keine Key Accounts (=Schlüsselkunden). Den Firmen fehlt meistens der Mut, sie aus der Liste der Key Accounts herauszunehmen.

2.9.3.2 Was kann das die Firma kosten?

Mihaly Nagy beziffert den Fall eines englischen Versicherungsunternehmens, welches diese „sieben Sünden" übersehen hat, auf 3,2 Mrd. britische Pfund.

Fazit

All diese „Sünden" sind bereits aus den frühen 1970er Jahren bekannt und diese Fehler werden insgesamt oder zu Teilen nach Jahrzehnten noch heute von vielen Firmen immer wieder gemacht. Also kann ich nur jedem ernsthaften Key Account Manager raten:

Zeigen Sie Ihrer Firma die Potenzialreserven auf, die bei Ihren Key Accounts liegen, und locken Sie Ihre Firma damit, diese generieren zu können, wenn Sie dazu die nötigen Ressourcen erhalten.

Und an Führungskräfte gerichtet: Nicht von ungefähr sind gute und sehr gute Leute skeptisch, wenn Ihnen die Funktion eines Key Account Managers angeboten wird. Denn Positionierung und Unterstützung der Funktion sind eben oft zu wenig ausgebaut. Das schlägt zugleich auf das Image der Funktion nieder und macht sie weniger attraktiv gerade für Mitarbeiter mit den Qualifikationen, die man in dieser Funktion eigentlich bräuchte.

2.9.4 Unterstützung durch interne Strukturen

Ein böser Spruch des russischen Schriftstellers Alexander Solschenizyn sagt Folgendes: „Der Krieg nach innen (in der früheren Sowjetunion) ist viel anstrengender als der nach außen". So auch die Aussagen vieler Außendienstmitarbeiter, die sich von „innen" oder von „hinten" latent zu wenig verstanden und unterstützt fühlen. Das entspricht nur zum Teil den Tatsachen, zum anderen Teil ist es eine Frage des Verständnisses der eigenen Rolle durch Außendienstmitarbeiter. Diese ist durch die Doppelorientierung an der Nahtstelle oder die Kommunikation in beiden Richtungen gekennzeichnet.

Welche internen Strukturen sind hilfreich, um den Key Account Manager nach außen hin zu unterstützen?

2.9.4.1 Die Positionierung des Key Account Managements in der Hierarchie

Einer meiner Kunden, der jahrzehntelang sehr erfolgreich technikorientiert gearbeitet hatte, kam eines Tages an den Punkt, dass ihn seine internationalen Kunden fragten, ob es denn in diesem Unternehmen kein Key Account Management gäbe. Welcher Kundenwunsch war Vater dieses Gedankens und dieses Denkanstoßes?

Die Kunden fühlten sich jahrelang trotz guter Technik und guter Lösungen des Lieferanten zu wenig gefragt und zu wenig gehört, weil die Kommunikation des Unternehmens zu seinen Kunden hin vor allem „inside–out" verlief. Dabei wurden wichtige Verbesserungspotenziale seitens des Herstellers übersehen und nicht genutzt und damit Innovationschancen vergeben. Aussage eines Produktmanagers dieses Unternehmens: „Das Gespräch mit dem Kunden verdirbt nur den Charakter."

Mehr gezwungen als gewollt installierte das Unternehmen schließlich einen Key Account Manager auf der sechsten Hierarchieebene von oben! Die Kunden bemerkten dies daran, dass die Beantwortung ihrer Fragen sehr lange dauerte, weil der Key Account Manager weder befugt noch befähigt war, selbst Antworten zu geben oder diese intern effizient durch die Prozesse zu treiben. Grund dafür war die ungeeignete Positionierung und das daraus folgende unzureichende Standing des Key Account Managements im eigenen Unternehmen: Er wurde intern nicht ernst genommen und konnte deshalb nach außen hin nicht wirksam auftreten. Und das war überhaupt nicht im Sinne seiner Kunden.

Daraus ergibt sich die

2.9.4.1.1 Regel Nr. 1

Positionieren Sie den Key Account Manager ausreichend hoch in Ihrer Hierarchie, um ihn nach innen hin ein hohes Ansehen und Kompetenz zu geben und nach außen hin das Prestige einer gehobenen Position.

Wenn Sie von Deutschland aus z. B. nach Südosten reisen, beginnt ab Salzburg bereits eine andere Gesellschaftsordnung. In dieser haben Rangunterschiede eine wesentlich größere Bedeutung als in Deutschland oder gar der Schweiz. Ein Seminarteilnehmer erzählte mir ein Erlebnis aus China. Er hatte dort jahrelang einen Gesprächspartner, mit dem er gut auskam. Eines Tages kündigte dieser ihm an, dass er ab nächstem Monat nicht mehr mit ihm sprechen könne. Die Rückfrage nach dem Grund ergab, dass der Chinese befördert worden war und von diesem Moment nur noch mit Seinesgleichen oder auf Augenhöhe verkehren wollte. Die Lösung war, dass der deutsche Key Account Manager nur noch mit den Mitarbeitern des bisherigen Gesprächspartners verkehren durfte.

2.9.4.1.2 Regel Nr. 2

Organisieren Sie die Prozesse der Kommunikation vom Key Account Management her in das Unternehmen hinein, durch dessen einzelne Instanzen hindurch und zurück zum Kunden schlank und effizient.

Bürokratie wirkt hier tödlich. Eine Erleichterung hierfür ist eine bekannte Matrix der Themen, um die es geht, der Mitwirkenden am Entscheidungsprozess und der Art ihrer Mitwirkung, z. B. Information, Einverständnis, Einbeziehung, Endentscheidung usw. Eine andere Erleichterung folgt natürlich unmittelbar aus der hierarchischen Position des Key Account Managers in der eigenen Firma.

Lassen Sie sich aber auch als Key Account Manager nicht von Ihren Kunden jagen. Da gibt es schon einige unter diesen, die jeden Fall wahnsinnig dringend machen – obwohl er dies nicht unbedingt ist.

Fazit für das Key Account Management

Das Key Account Management ist zugleich auch immer Anstoßgeber für interne Verbesserungsmaßnahmen des eigenen Unternehmens. Diese können aus Anregungen von Kundenseite resultieren. Denn Kunden haben oft eine Querschnittserfahrung durch ihre Einblicke in viele Lieferantenunternehmen. Sie können auch aus der Konkurrenzbeobachtung und aus Kontakten zu Repräsentanten der Konkurrenz resultieren oder aus der Erfahrung in Unternehmen, in denen Key Account Manager bereits früher einmal gearbeitet hatten. Hier ist dann aber auch für Key Account Manager Vorsicht angebracht: Zitiert man die Arbeitsweisen früherer Arbeitgeber zu oft, kommen im eigenen Unternehmen interne Widerstände auf. Diese resultieren zum Teil auch aus der schwachen Akzeptanz der internen Stellen für die Kompetenz des Key Account Managements auf ihren eigenen Terrains. Die externen Anstöße über das Key Account Management sind aber oft dringend nötig, um interne Selbstzufriedenheit aufzulösen und fruchtbare Verbesserungsprozesse in Gang zu bringen.

2.9.5 Das eigene Angebot erweitern

Seit der Untersuchung von James P. Womack [9] u. a. unter dem Titel „Die zweite Revolution in der Automobilindustrie" weiß man, dass Kunden der Automobilindustrie Einfluss auf die Lieferkette und die Art der Organisation ihrer Lieferanten nehmen. Im Kern geht es ihnen um günstigere Preise nach Steigerungen der Effizienz der Arbeitsweisen ihrer Lieferanten.

Diesen Gedanken haben auf der anderen Seite einige Lieferanten aufgegriffen, um ihrerseits – mit oder ohne Anstoß seitens ihrer Kunden – eine Erweiterung ihres Angebotes bzw. eine Zusammenfassung dieses Angebotes mit den Angeboten anderer, paralleler Komponentenhersteller zu gestalten. Beispiele dafür waren die Übernahme von VDO zunächst von Siemens, später von Continental zum Zweck der Lieferung größerer Komponenten, um den Wunsch der Kunden nach Senkung des Anteils der Eigenfertigung bei gleichzeitiger Reduktion der Schnittstellen zu Lieferanten erfüllen zu können.

Der weitere Schritt von Schaeffler zur Übernahme von Continental ist noch in der Schwebe. Unterhalb dieser Ebene gibt es noch eine Fülle kleinerer Industrien und Unternehmen, die Ähnliches recht erfolgreich versuchen.

Nun ist dieses Feld eindeutig ein solches, was vom Topmanagement verfolgt und gestaltet werden muss. Aufgabe des Key Account Managements ist es jedoch, frühe Signale der Intentionen von Kunden in dieser Richtung wahrzunehmen und in das eigene Unternehmen zu tragen.

2.10 Beratung und Unterstützung des Kunden

Das Feld Die Effizienz und Erfolgsträchtigkeit eines Key Accounts von außen her überprüfen und Vorschläge zur Verbesserung seiner Arbeitsweisen einbringen.

Das Ziel

a. Dem Kunden als Lieferant Hilfen zur Selbsthilfe liefern
b. Dadurch die Möglichkeiten erhöhen, die eigenen Geschäfte mit dem Kunden auszuweiten

2.10.1 Welche Potenziale gibt es in Kundenunternehmen, die Kunden aus eigener Kraft heben könnten und müssten?

Hier handelt es sich um ein äußerst sensibles Gebiet im Key Account Management. Denn im Grunde tritt der Key Account Manager als „Unternehmensberater" seines Kunden auf, mit Empfehlungen, die der Key Account eigentlich selbst realisieren können müsste:

- Sortimentserweiterung durch neue oder verbesserte Produkte oder Lösungen
- Gewinnung neuer Märkte
- Zukäufe und Integrationen
- Geschäftsausweitungen bei Kunden, insbesondere bei seinen eigenen Key Accounts

Zentraler Kern für den eigenen Erfolg als Lieferant ist dabei immer die bessere Leistungsfähigkeit der eigenen Kunden auf den für sie entscheidenden Gebieten.

Die folgenden Beispiele können und sollen nur Beispiele sein, die zu Assoziationen anregen sollen. Die Schlüsselfrage dazu lautet:

► Gäbe es ähnliche Möglichkeiten für Ihren Kunden, sein Geschäftsmodell aus eigener Kraft mit Ihrer Hilfe zu optimieren?

2.10.1.1 Sortimentserweiterung: Erweiterung des Produkt- und Lösungsportfolios des Kunden

Grundsätzlich erfordert die Sortimentserweiterung der Key Accounts gegenüber ihren eigenen Kunden oder in ihren Märkten einen relativen Nutzenvorteil zu ihrem Wettbewerb, dem bisherigen Sortiment, den bisherigen Produkten und Lösungen durch:

- Innovative Leistungen und Lösungen (z. B. „Anders als alle anderen…“)
- Verbesserte Leistungen mit Nutzenvorteil
- Günstigere Preise bei gleicher oder besserer Leistung
- Vermeidung von Me-Too-Positionierungen und Substitutionseffekten

Bedeutet: die Ausbildung von Alleinstellungsmerkmalen.

Es handelt sich um allgemeine Strategien und Vorgehensweisen, die alle Kunden betreffen und die hier auch schon für die Unternehmen der Lieferanten vorgestellt wurden. Man überträgt also als Key Account Manager Ideen, die primär einmal für das eigene Unternehmen Erfolg versprechend sind, auf ihre Key Accounts. Das Problem dabei ist, dass das, was schon im eigenen Unternehmen schwierig zu bewegen ist, im Kundenunternehmen noch schwieriger zu bewegen sein dürfte.

Die Ideen des folgenden Kapitels dienen aber auch dazu, entsprechende Entwicklungen bei Kunden wahrzunehmen, wie diese entweder ihre Geschäftsmodelle schon verbessern oder aber verbessern könnten (Potenzial). Als Ansatz eignen sich mehrere Vorgehensweisen:

2.10.1.1.1 Produktinnovationen

Produkte schaffen oder verbessern, die deutlich und nachhaltig durch die Produktleistung oder das Preis-Leistungs-Verhältnis einen höheren Kundennutzen erzeugen.

Beispiel

Compaq hatte zu Beginn der 1990er Jahre ein hervorragendes PC-Produkt, welches aber viel zu teuer war. Die Firma unterzog sich einem strengen Kostensenkungsprogramm, wurde danach preislich äußerst wettbewerbsfähig und versetzte sich in die Lage, einige Jahre lang sehr erfolgreich Marktanteile zu vergrößern.

2.10.1.1.2 Technologie-Marketing

Umstellung von einem traditionellen Marketing für Fertigprodukte auf die zusätzliche Verwertung von vorhandenen und verwandten Technologien und Produktionsfähigkeiten für Unternehmen derselben Branche oder verwandter Branchen. Ergänzung des nackten Produktes um technologisches und Produktions-Know-how in Richtung weitergehender umfassender Lösungen. Längerfristig erweitert sich dadurch die Kernkompetenz des Unternehmens zu einer Kompetenz für Leistungssysteme und gibt ihm dadurch die Fähigkeit und Möglichkeit, neue, komplexe Geschäftsfelder umfassend abzudecken.

2.10.1.1.3 Design

Mit Design ist hier die gesamte sinnlich wahrnehmbare Gestaltung des Produktes – nicht nur die äußere Gestaltung des Produktes – gemeint, z. B. Form und Farbe des Autos, Geräusch des Motors, Geruch der Polster usw. Ebenso gehört der modulare Aufbau dazu, die einfache Produktion mit weniger Teilen, ergonomische und einfache Bedienung für die Benutzer.

Beispiele

- Illy-Espressomaschinen: Erweiterung der Espressomaschinenpalette, von Künstlern gestaltete Espressotassen, Versand mit Produkten vom eigenen Hof in der Toskana, Lancierung hochwertiger Bioprodukte wie Olivenöl, Teigwaren usw.
- Porsche: Ein Chefarzt und Professor der Medizin führte mir einmal vor, was ihm an seinem (weißen, chefarztkittelkonformen) Porsche so gefällt, indem er dem Porsche zärtlich über den hinteren Kotflügel streichelte.

- Still (Gabelstapler): Das Unternehmen hat erkannt, dass sich auch sehr technisch-funktionale Produkte mithilfe von anmutendem Design besser verkaufen lassen. [10]
- Bang & Olufsen
- Braun GmbH
- u. v. a. m.

2.10.1.1.4 Kundendienst

Der Kundendienst umfasst Neben- oder Zusatzleistungen, die erbracht werden, um die Hauptleistung abzurunden oder aufzuwerten. Dies sind vor dem Kauf beispielsweise Bedarfsermittlung und Beratung, Probegeräte, Kundenschulung, bequeme Einkaufsmöglichkeiten, rasche Lieferung nach dem Kauf, Installation und Inbetriebnahme, Reparaturen und Wartung. Beispielsweise verdienen die Lieferanten von Aufzügen und Rolltreppen fast nichts am Produkt, wohl aber mehr an (lebenslanger) Wartung, Ersatzteilen und Verbrauchsmaterial, Garantieleistungen, Modernisierung und Ausbau von bestehenden Systemen, Entsorgung alter Geräte usw.

2.10.1.1.5 Customized Marketing

Customized Marketing nutzt die elektronisch unterstützten Formen der individuellen Bearbeitung von Kunden in Massenmärkten bis zu einer Maßfertigung nach Kundenwünschen (SooM-Marketing = Segment of one Marketing, One-to-One-Marketing)

Beispiele

- Fertigung von Maßhemden oder Anzügen
- Dell fertigt seine Computer nur nach vorgegebenen Angaben seiner Kunden
- Maßjeans von Levi's

2.10.1.1.6 Angebotserweiterung

Im Rahmen des Wunsches vieler Kunden nach Lieferantenkonzentration steigt das Bedürfnis nach komplexen Lösungen aus einer Hand. Das erfordert, mögliche Querbeziehungen zwischen den Leistungen eines Unternehmens oder eines Unternehmensverbundes zu fördern oder herzustellen und

- bisher getrennte Teilleistungen so zusammenzufassen,
- dass daraus Vorteile in Bezug auf die Endleistung für den Kunden entstehen. Die Fachbegriffe hierzu lauten:
  - „Alles aus einer Hand“
  - „Systemgeschäft“
  - „Lösungsgeschäft“
- Teilweise lassen sich hart umkämpfte Grundleistungen (Commodities) mit Produkten und Dienstleistungen verknüpfen, an denen mehr verdient werden kann.
- Umfassende Leistungssysteme führen zu neuen Geschäftsmodellen.
- Kritische Erfolgsfaktoren dafür sind Kundenvorteil, Konfiguration, Kommerzialisierung, Kommunikation, Kompetenz und Kooperation.

Beispiele

- Leitz Oberkochen kommt eigentlich aus der Ecke der spanabhebenden Werkzeuge für Holz. Heute liefert Leitz u. a. fertige Kurbelwellen, die vor Ort hergestellt werden, an VW in Shanghai gegen Stückberechnung. Leitz hat sich also vom Lieferanten für Werkzeuge zum Lieferanten von fertigen Zulieferteilen entwickelt.
- Bossard Küsnacht (ähnlich Würth): Lagerbewirtschaftung des Kunden statt Lieferung von Schrauben.
- Göhner Merkur für das Cycling von Bauprojekten von der Grundstücksbeschaffung über den Bau, die Vermietung und Verwaltung bis hin zur Entsorgung von Schrottimmobilien.
- SAP (umfassende Service Map à la carte (http://www.service.sap.com)
- Zürich Versicherungen: ganzheitliche Versicherungsangebote über alle Sparten hinweg

- Category Management: Sortimentsoptimierung im Handel zur Verbesserung der Sortimentsgesamtwirkung, der Rendite daraus und der Positionierung des Handelspartners. Die Verkaufsabteilungen der Industrielieferanten werden dadurch zum Customer Development Department für ihre Kunden.
- Continental entwickelte sich vom Reifenhersteller über einen Fahrwerkhersteller bis hin zur Elektrik und Elektronik (VDO) und zurzeit (2014) weiter in den Bereich Autoelektronik/Johnson Controls. Dann versuchte Schaeffler zu integrieren.
- Siemens One koordiniert die Leistungspalette des gesamten Unternehmens zu einer Gesamtleistung aus einer Hand.
- u. v. a. m.

2.10.1.1.7 Anwendungstechnische Beratung

Ein traditionelles und ungemein weit und tief ausgebautes Feld der Kundenberatung ist die Anwendungstechnische Beratung. Sie spielt insbesondere in der Chemischen Industrie seit Langem eine sehr wichtig Rolle, geht es dabei doch um die Vermittlung von Lieferanten-Know-How an Kunden in Bezug auf die Gestaltung der Produktion bei der Verwendung von Vorprodukten des Lieferanten. Sie kann sich auch auf die gesamte Prozesskette des Kunden erstrecken. Sie hat darüber hinaus in zahlreichen anderen Branchen hohe Bedeutung, z. B. Maschinenbau und vielen anderen Branchen mehr.

Sie gehört dort zum seit Langem fest installierten Instrument des Lieferanten gegenüber seinem Kunden und kann als technisches Marketing-Instrument eingeordnet werden.

2.10.1.2 Gewinnung neuer Märkte: Kunden, Regionen, Branchen, Anwendungen

Hier ergeben sich zwei klassische strategische Ansätze für die Geschäftsausweitung von Kunden (wie natürlich auch des eigenen Unternehmens):

2.10.1.2.1 A. Segmente

- **Trading-up:** Damit erschließt ein Unternehmen im Vergleich zu seinem bisherigen Angebot ein höherwertiges Marktsegment mit anspruchsvolleren Kunden durch höhere Leistungen, Qualität und höhere Preise.
- **Trading-down:** Damit erschließt ein Unternehmen im Vergleich zu seinem bisherigen Angebot „niedrigwertigere" Massenmärkte, die durch Kostenführerschaft optimale Preis-Leistungs-Verhältnisse auf niedrigerem Preisniveau erfordern.

2.10.1.2.2 B. Kunden

Neue Kunden Die Gewinnung neuer Kunden kann angestrebt werden (siehe Abb. 2.13):

- Mit alten Produkten und Lösungen in alten (bisherigen) Märkten: Das setzt eine bessere Wettbewerbsposition voraus, die auf Einzelkunden übertragen werden kann.
- Mit alten Produkten und Lösungen in neuen Märkten: Es handelt sich um Markterschließungsstrategien für
  - neue Regionen,
  - neue Branchen oder
  - neue Anwendungen.

  Diese Strategie geht von sicherer Kompetenz bei Produkten und Lösungen aus, muss aber die Risiken der unterschiedlichen Bedingungen in anderen Regionen, Branchen oder in den Bereichen anderer Anwendungen erkennen und beherrschen lernen.
- Mit neuen Produkten in alten Märkten: Bei dieser Strategiewahl bestehen Kompetenzen und Erfahrungen in den Märkten, bei den Kunden, den Branchen und Anwendungen. Die Risiken liegen bei der Kompetenz und Erfahrung mit den neuen oder verbesserten Produkten und Lösungen. Sie können und müssen aber gerade in der engen Zusammenarbeit mit Key Accounts und/oder „Lead Usern" gemacht, gesammelt, ausgewertet und erarbeitet werden.
- Mit neuen Produkten in neuen Märkten: Diese Strategie charakterisiert eine Diversifizierung: Es bestehen weder Kompetenzen auf der Produktseite noch Kompetenzen über die Spezifika einer

Region, einer Branche oder der Anwendungen. Diese Strategie sollte man tunlichst vermeiden oder möglicherweise teures Lehrgeld einkalkulieren. Erinnert sei an das Chrysler-Abenteuer von Herrn Schrempp von – damals – Daimler Chrysler.

2.10.1.3 Zukäufe und Integrationen

Beispiel

Compaq gelang es aus eigener Kraft nicht, sich vom Geschäftsfeld der fertigen PCs und Laptops zu lösen und das Geschäftsfeld der individuellen Systemlösungen für sich zu erschließen. Die Lösung erfolgte durch Übernahme von DE (Digital Equipment), einer Firma, die Anfang der 1990er Jahre hervorragend im Geschäftsfeld der individuellen Systemlösungen war, dafür aber keine einfachen Standardlösungen entwickelt hatte. Da der Markt aber beides verlangte, war dieser Zukauf eine sinnvolle Ergänzung.

Die hauptsächliche Triebfeder für das Zukaufen ist es, in einem bestimmten Marktsegment höhere Marktanteile, die Marktführerschaft und tendenziell bessere Ertragschancen zu bekommen.

Beispiele

- Daimler Chrysler (Flop)
- BMW und Rover (Flop)
- Continental und VDO (erfolgreich)
- Schaeffler und Continental (in der Schwebe)
- Bosch und Rexroth (erfolgreich)
- Fiat und Chrysler (unterwegs)
- u. v. a. m.

2.10.1.3.1 Probleme

1. Die fehlende Kompetenz für zu ferne Geschäftsfelder.
2. Die Erschließung der reklamierten Synergieeffekte: Meist sind es nur Skaleneffekte.

3. Der Zukauf als Scheinargumentation zur Befriedigung eines Größenwahns oder zur Begründung für ein höheres Einkommen der Chefs (Daimler Chrysler/Schrempp)

2.10.1.3.2 Vorteile

1. Höhere Angebotsmacht durch höhere Marktanteile im Liefersegment.
2. Vorteile in der Produktion durch höhere Volumina, mehr Gleichteile usw.

Beispiele dafür gibt es auch im globalen Rohstoffgeschäft, wo Firmenstrukturen entstehen, die die gesamte Prozesskette vom Produzenten über den einkaufenden Händler, die Logistik, den vertreibenden Händler bis hin zu den lokalen Produzenten in den Ländern der Verbraucher hin umfassen, um die Risiken dieser Geschäfte besser in den Griff zu bekommen.

2.10.1.3.3 Generelles Problem

Seine Key Accounts in Bezug auf diese strategischen Vorgehensweisen zu beraten dürfte für Key Account Manager höchst grenzwertig sein und vielfach zu weit gehen. Einmal kommt die eigene Kompetenz an ihre Grenzen und darüber hinaus und zum anderen wird es mit der Akzeptanz für diese Themen beim Kunden problematisch.

Oft empfiehlt sich die alte Regel „Schuster, bleib bei deinen Leisten!“ Dennoch gibt es durchaus positive Beispiele. Ihre Kunden erkundigen sich auch jeweils mehr oder weniger versteckt danach, was Ihre Konkurrenten so machen – heikle Situationen für Key Account Manager. Erinnert sei an das Beispiel meines Kollegen Maderthaner, der den Fall eines Lieferanten von Holzbearbeitungsgeräten an eine Fertighausfirma in Tschechien darstellt. Um dem Kunden überhaupt etwas verkaufen zu können, musste der Lieferant ihn erst einmal zahlungsfähig machen. Und dies erforderte, dass er dem Kunden ein völlig neues Produkt empfahl und ihm auch gleich noch die potenziellen Zielgruppen im Markt aufzeigte. Der Lieferant hat dem Kunden in diesem Falle ein neues Geschäftsmodell geliefert und ihn auch noch bei dessen Einführung unterstützt. Hinzu kommt hier noch eine andere, alte Erfahrung: Wer mit dem Kunden über die Lösung von dessen Problemen in dessen Markt redet, braucht weniger über seine eigenen Preise und Konditionen gegenüber dem Kunden zu sprechen.

2.10.1.4 Geschäftsausweitung bei den Kunden der Kunden, insbesondere bei ihren Key Accounts

Die meisten Unternehmen bemühen sich viel stärker um die Neukundengewinnung als darum, Geschäfte mit den vorhandenen Kunden zu sichern und auszubauen. Unternehmen geben 70 % ihres Marketing-Budgets für Neukundengewinnung aus, erzielen aber 90 % ihres Umsatzes mit den vorhandenen Kunden. Dabei sind Neukunden in den ersten Jahren nur Verlustbringer. Hinzu kommt, dass die jährliche Kundenabwanderungsrate zwischen 10 und 30 % liegt, weil die Firmen über ihren Bemühungen um die Gewinnung von Neukunden die Pflege ihres Altkundenstammes vernachlässigen (vgl. Abb. 2.9, Phasen 1 und 4).

Die Priorität der Neukundengewinnung und die damit einhergehende Vernachlässigung der Altkundenbindung wirken sich in der Praxis unmittelbar negativ aus. Unternehmen gestalten etwa ihre Vergütungssysteme so, dass der Verkäufer für die Neukundengewinnung, nicht aber für die Pflege und den Ausbau vorhandener Kundenbeziehungen belohnt wird. Es kann fünf- bis zehnmal teurer sein, Neukunden zu gewinnen, als vorhandene Kunden zufriedenzustellen und zu binden.

Eine Senkung der Kundenabwanderungsrate um 5 % kann je nach Branche die Gewinne zwischen 25 und 85 % steigern. Der mit den einzelnen Kunden erzielte Gewinn steigt über die Jahre mit der Kundenbeziehung.

Also empfiehlt es sich durchaus, in Kunden der Beziehungsphase 4 zu investieren, um ihre Abwanderung zu verhindern bzw. um sie zu halten oder zurückzugewinnen und damit die Notwendigkeit der aufwendigen Neukundengewinnung in Grenzen zu halten

2.10.1.5 Wie bringt man Vorschläge und Ideen dafür an die richtigen Entscheider des Kunden?

Erkenntnisse über Potenziale und Reserven von Key Accounts zu erkennen und zu verstehen und die Möglichkeiten, diese für sich als Lieferant zu erschließen, sind das eine. Schwieriger wird es oft, wenn es darum geht, diese Erkenntnisse bei Kunden an die richtigen Personen zu bringen und diese zu gewinnen. Oft sind Firmen in ihren Vorgehensweisen sehr verfestigt – gerade auch dann, wenn sie (zu) lange erfolgreich gewesen sind (siehe Kodak und viele andere mehr).

Folgendes empfiehlt sich
Ermitteln Sie

- die Entscheider und die Beeinflusser im Kundenunternehmen mit dem höchsten Einfluss
- die Meinungen und die Vorurteile dieser Personen
- auf welchen Wegen sich diese Personen informieren
- wie man diese Personen so erreichen kann, wie sie sich normalerweise auf ihre Weise informieren

Versuchen Sie dann, die von den Entscheidern und Beeinflussern beim Kunden bevorzugten Informationsmedien und Informationswege für deren Beeinflussung durch Ihre Informationen zu nutzen.

Zusammenfassung und Schlussfolgerungen

Bitte überlegen Sie sich persönlich am Beispiel des Falles eines Einzelkunden oder ganz allgemein:

- Wo sehen Sie Möglichkeiten, im Kundenunternehmen Anregungen zu Innovationen und/oder Verbesserungen für das Gesamtunternehmen zu geben, die über Marketing und Vertrieb des Kunden hinausgehen?
- Mit welchen Fähigkeiten oder Leistungen Ihres Unternehmens könnten Sie diese Verbesserungen unterstützen?
- Wen müssten Sie beim Kunden dafür gewinnen/überzeugen?

- Welche Vorteile ließen sich daraus generieren:
  - Für den Kunden?
  - Für Ihr eigenes Unternehmen?

Als nächsten Schritt könnten Sie diese Überlegungen auch mit geeigneten Kollegen im Unternehmen besprechen.

2.10.2 Welche Bereiche im Kundenunternehmen könnten durch Unterstützung des Lieferanten ertragsträchtiger gestaltet werden?

Einer der wesentlichen Unterschiede zwischen Verkauf und Key Account Management besteht darin, dass die Kontakte und Verhandlungen der Verkäufer sich auf die untere Ebene des Einkaufs konzentrieren und beschränken. Hier geht es um Produktdetails und Preisfeilscherei bei insgesamt knappen Margen.

Um zu verkaufen, muss man die eigenen Kosten und Preise kennen. Um Key-Account-Geschäfte zu managen, muss man vor allem das Funktionieren des Kunden, sein Geschäftsmodell und die Rolle des eigenen Produktes in diesem Modell des Kunden beherrschen.

Key Account Management muss die oberen Ebenen der Hierarchien in den Kundenunternehmen ansprechen und (gemeinsame) Lösungen zu besseren Erträgen für die Zukunft anbieten und/oder suchen.

Beides gehört zur Funktion des Key Account Managers dazu: Tagesgeschäft und geschäftliche Zukunftsgestaltung. Das trifft im Kern einen – auch später noch einmal unter dem Thema einer kundenorientierten Argumentation darzustellenden – Punkt, nämlich, dass Kunden im Prinzip nicht so sehr an Produkten und deren Details interessiert sind, sondern daran, wie diese ihre Erträge verbessern helfen können, weniger an der Technik des Lieferanten als vielmehr an deren Einfluss auf das eigene Geschäft und die eigenen Erträge (Key Account Selling). Um dieses Niveau aber erreichen zu können, muss man ganz anders an Kunden herangehen, mit ganz anderen Fragen auf anderen Ebenen als dem Einkauf und anderen Antworten, die auch Einfluss nehmen können auf die Geschäftsmodelle von Kunden. Anders ausgedrückt, muss man den Kunden stärker durchdringen, um zu verstehen, wie er seine Geschäfte gestaltet und betreibt, wo er Potenziale hat, die man als Lieferant zu einer Verbesserung der Kundenerträge ausbauen kann. Das geht systematisch klar von oben nach unten statt von unten nach oben. Das ermöglicht es, ganz andere, nämlich grundsätzlichere Informationen über das Geschäft und die wahren Probleme des Kunden zu erhalten, um dieses dann durch die eigenen Vorleistungen als Lieferant verbessern zu helfen. Es geht bei diesem Ansatz um die Verbesserung der Erträge des Kunden und nicht nur um die Details von Produkten, Dienstleistungen oder Lösungen. Das zu erreichen ist die Ausgangsbasis zur Gestaltung einer Win-win-Beziehung. Das gilt grundsätzlich für alle Branchen.

Es geht aber auch um den Erhalt von frühen Signalen aus dem Geschäft des Kunden über dessen mögliche, momentane und zukünftige Probleme, um sich dagegen zu wappnen und – wichtiger! – dem Kunden nach Möglichkeit mit den eigenen Mitteln zu helfen, diese seine Probleme zu lösen. Für jedes Thema der Kundenprobleme kann man sich selbst eine Liste der möglichen Einflussfaktoren auf Kundenerfolge und -misserfolge erstellen und prüfen, worauf man aus der Rolle des Lieferanten heraus Einfluss nehmen und Unterstützung bieten kann. Harte Tatsache aus der Praxis dagegen ist es, dass Key Account Manager primär und teilweise ausschließlich an der Gestaltung des Tagesgeschäfts gemessen werden, also an rein kurzfristigen Ergebnissen. [11]

Es geht um die Entwicklung des Key Account Managers zu einem Berater seiner Key Accounts in Bezug auf

- die Steigerung ihrer Absätze (siehe oben 2.10.1),
- die Verbesserung ihrer Produktivität,
- die Senkung ihrer Kosten und
- in der Summe der Steigerung ihrer Erträge.

Das ist ein gewagter, aber zukunftsweisender Ansatz. Denn er liegt auf der Linie der prozessvernetzten Arbeitsweisen zwischen Vorlieferanten, Lieferanten, Kunden, Kunden der Kunden und Endverbrauchern. Nicht jeder Mitarbeiter, der heute den Titel „Key Account Manager“ auf der Visitenkarte trägt, wird dieses Anspruchsniveau erreichen. Denn es geht dabei um nicht weniger, als ihm sinnvolle Ratschläge zu geben, wie er sein eigenes Geschäft (zumindest partiell bezogen auf den erweiterten Kompetenzrahmen des Lieferanten) zu seinen eigenen Key Accounts erfolgreicher gestalten kann [11].

Damit schlüpft das Key Account Management in die Rolle des Beraters des Kunden in Bezug auf die Frage, wie er selbst seine eigene Ertragssituation verbessern kann. So abwegig ist das letztendlich nicht. Denn anwendungstechnische Beratung oder Application Engineering gibt es schon seit sehr langer Zeit: die Beratung des Kunden in technischen Details der Anwendung eines Produktes zu den Zwecken eines Kunden. Auch der Begriff der „vermarktungstechnischen Beratung“ ist seit Jahrzehnten für die Unterstützung des Handels etabliert, wenngleich dafür meist das Wort „Verkaufsförderung“ verwandt wird. Es geht um nichts weniger, als seine Arbeitsweise ganz oder teilweise auf die Beratung der Kunden zur gesamtheitlichen Ertragsverbesserung umzustellen und die internen Ressourcen des eigenen Unternehmens dazu zu gewinnen und mit einzuspannen. [11]

2.10.2.1 Beratung zur Verbesserung der Produktivität des Kunden

Dazu gibt es wirklich zahllose Beispiele aus der Praxis. Insbesondere in der chemischen Industrie ist es dabei aber wichtig, dass man nicht nur die Wirkweise eines Produktes im chemo-technischen Sinne, sondern auch den Einfluss auf die Kosten des Kunden in einer Ertragsverbesserung darstellen kann (siehe unter Abschn. 3.1 bis Abschn. 3.3). Aber es gibt auch Beispiele einer institutionalisierten Kooperation zur Verbesserung der Produktivität, der Senkung der Kosten und der Erhöhung der Erträge. All dies muss auch zur Überwindung von internen Widerständen im Kundenunternehmen beitragen, aber auch das „Mauern" der internen Ressourcen durchbrechen. Dies hat sich alles jahrzehntelang so artikuliert: „Das haben wir noch nie so gemacht.", oder „Das haben wir schon immer so gemacht!". Oder „Not invented here.". Oder: „Verkauft doch erst mal das, was wir schon haben, statt ständig Verbesserungen zu fordern." usw. Da werden oft sehr lange eigene Positionen verteidigt, die längst überholt sind, aus Angst vor Blamage oder Gesichtsverlust. Menschen neigen dazu, ihre Ist-Situation so zu stabilisieren, dass es möglichst wenige Veränderungen und damit möglichst selten Notwendigkeiten zur eigenen Anpassung an veränderte Situationen gibt. Dagegen muss man eine andere Geisteshaltung aufbauen: „Entweder man geht mit der Zeit, oder man wird mit der Zeit gegangen." Oder: Eine einmal getroffene Entscheidung muss dann überprüft werden, wenn sich die Rahmenbedingungen geändert haben, unter denen sie ursprünglich getroffen worden war.

2.10.2.2 Beratung des Kunden zur Senkung seiner Kosten

Hier gilt es, Ansätze dazu aus den einzelnen eigenen Angeboten herauszuarbeiten und wirksam zu präsentieren. Weil aber gerade dieses Beratungsfeld in Bezug auf die Kompetenz und Akzeptanz des Key Account Managements seitens des Kunden sehr grenzwertig ist, wird der Ansatz hier nicht weiterverfolgt.

2.10.3 Beratung zur Steigerung der Erträge des Kunden

Vertrauensvolle, auf die Akzeptanz der Kompetenz gegründete Beziehungen wiegen schwerer als Produkte und Lösungen: Es ist der Glaube des Kunden daran, dass Sie und Ihr Unternehmen die Richtigen sind, mit ihm seine zukünftigen Aufgabenstellungen erfolgreich zu lösen. Hierbei spielt Consultative Selling eine wichtige Rolle:

Beratende Verkäufer verkaufen keine Produkte, sondern stellen die Verbesserung der Ertragsmöglichkeiten für den Kunden dar. Sie vermitteln keine Verkäufe, sondern Return of Investment. Ihr Preis stellt eine rentable Investition für den Kunden dar, nicht lediglich einen Kostenfaktor. Ihre Leistung wird nicht lediglich an den Nutzenvorteilen aus den Produktdetails gemessen, sondern an der Verbesserung der Ertragsrate des Kunden. Sie arbeiten nicht von außen her als Verkäufer, sondern innerhalb ihrer Kundenunternehmen als Geschäftspartner. Sie arbeiten nicht von Ausschreibung zu Ausschreibung, sondern innerhalb der Kundenunternehmen auf der Ebene des Mittelmanagements auf einer langfristig angelegten Basis. Sie konzentrieren sich nicht auf die Stärken und Schwächen anderer mit ihnen im Wettbewerb liegenden Lieferanten, sondern arbeiten an der Verbesserung der Erträge für ihre Kunden und ihr eigenes Unternehmen [11].

Dabei kann sich der Key Account Manager und sein Unternehmen als Partner für Wertverbesserungen positionieren, die er anstoßen, vorschlagen und schaffen helfen kann:

- als Key Account Manager, der das angreift (proaktiv initiiert), durchführt und kommuniziert,
- als Unternehmen insgesamt.

Ausgangspunkt sind die Nutzenarten für den Kunden, deren Verbesserung angegangen werden sollen:

- Preissenkungsmöglichkeit
- Umsatzerhöhung
- Kostenreduzierung
- Margenverbesserung
- Summe der Ertragsverbesserungen

Dazu hilfreich sind die Ansätze der Wertanalyse:

Abb. 2.12 Optimales Verhältnis einer Leistung zu ihren Kosten

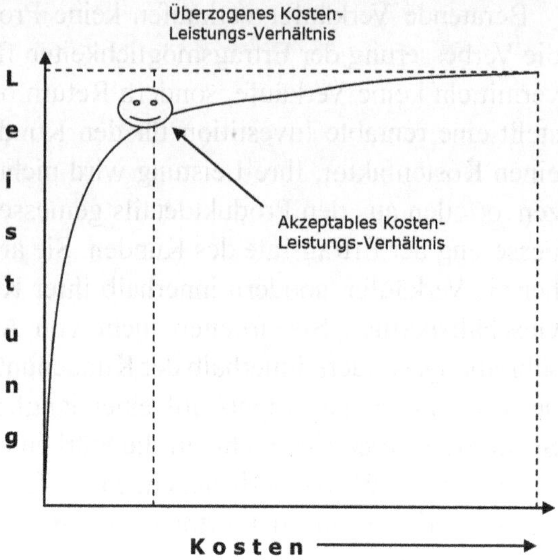

- Welche Faktoren haben Einfluss auf die Endleistung unseres Produktes, unserer Dienstleistung oder Lösung (einzeln auflisten)?
- Lässt sich der einzelne Faktor verstärken, um damit mehr Kundennutzen zu liefern?
  - Mit Mehrkosten (würden sich die Mehrkosten für den Kunden rechnen, sodass er sie als Mehrpreis akzeptieren würde)?
  - Ohne Mehrkosten?
- Lässt sich am einzelnen Faktor etwas einsparen, ohne das dadurch die vom Kunden benötigte Funktion reduziert würde oder der vom Kunden geforderte Nutzen geringer würde?

Bei der Auslotung der Möglichkeiten zur Optimierung der Kosten-Leistungs-Verhältnisse werden Grenzen erkennbar, dargestellt in Abb. 2.12, die zu berücksichtigen sind.

Die Beratung zur Steigerung der Erträge des Kunden muss als Summe der Einzelposten zur Ertragsverbesserung für den Kunden dargestellt werden:

- Mehrerlöse
- Verbesserung der Produktivität dargestellt in Euro
- geringere (oder auch höhere) Kosten

Summe der Steigerung der Erträge
(mehr dazu unter 3.1 bis 3.3).

2.10.4 Finanzierung der Beschaffung des Kunden

Deckungsgleich mit der Finanzierung der eigenen Absätze verläuft die Finanzierung der Beschaffung der Kunden. In der Automobilindustrie ist dies seit Langem durch Leasing-Modelle installiert, liegt allerdings im B2C-Geschäft. Im B2B-Geschäft und im Bereich von Key Account Management und „Normalkundengeschäft" werden insbesondere in der Investitionsgüterindustrie Finanzierungen geboten, immer öfter durch firmeneigene oder firmengruppeneigene Banken. [12] Dies ist in der Tat ein sehr weites Feld, welches im Zusammenhang mit dem laufenden Thema des Key Account Marketings nur gestreift werden soll.

2.11 Neue Felder

Das Feld Geschäftsfelder, die nahe bei den Kernkompetenzen des Kunden liegen und mit deren Hintergrund eigentlich erschlossen werden könnten.

Das Ziel Die Basis für die Ausweitung der Geschäfte des Kunden und die eigenen Geschäftsmöglichkeiten ausweiten.

Zu den durchaus nicht mehr ganz extremen Feldern zählt die Identifikation und Entwicklung von neuen Geschäftsfeldern für Kunden und mit den Kunden. Beispielsweise fallen als verwandte Felder in diese Betrachtung alle Formen des Franchising. Dabei liefert der Lieferant

Abb. 2.13 Ansoff-Matrix für Marketing-Strategien

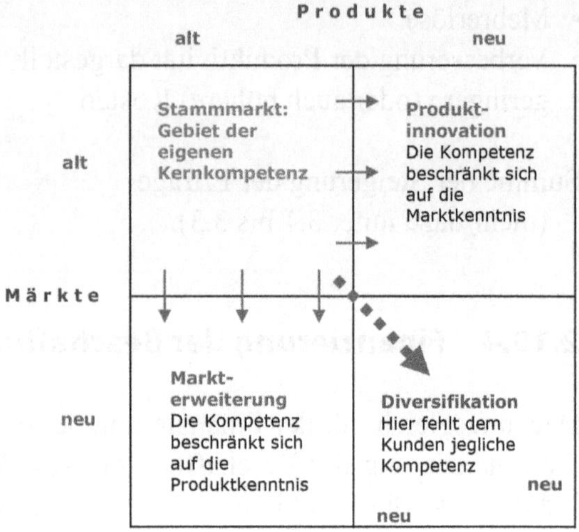

dem Kunden ein komplettes Geschäftsmodell. Dies wird hier nicht weiter dargestellt, da es den Rahmen dieser Darstellung sprengen würde und dafür auch genügend viele andere Darstellungen vorliegen.

Hier sind Felder gemeint, die durch eine Kumulation von Chancen und Stärken eines Kunden, unterstützt von Stärken, Erfahrungen und Ideen eines Lieferanten, gekennzeichnet sind. Am einfachsten startet man als Key Account Manager mit der Suche nach Parallelen und Beispielen aus der Zusammenarbeit mit anderen Kunden: Wo hat man selbst oder die eigene Firma schon einmal ein Beispiel für die Entwicklung eines für einen Kunden neuen Geschäftsfeldes praktiziert?

Zum anderen geht es hier um das Feld der sog. Diversifikation. Das bedeutet, dass der Kunde auf diesem Feld bisher keine einschlägigen Erfahrungen hat, sodass das Risiko eines Eintritts in dieses Feld besonders groß ist. Zur Abgrenzung von Kompetenzfeldern hilft die Darstellung wie in Abb. 2.13.

Um den Kunden nicht in für ihn völliges Neuland laufen zu lassen, empfiehlt sich eine gemeinsame Strategie nur dann, wenn der Lieferant Erfahrungen und Kompetenz als Lieferant in eben diesem Felde einbringen und auf den Kunden übertragen kann. Gegebenenfalls kann der Lieferant auf frühere Erfahrungen aufbauen, etwa auf ein Geschäftsmodell für den Kunden, welches es diesem ermöglicht, im „Neuland" erfolgreich zu sein. Dennoch ist die Mindestanforderung die, dass das neue Geschäftsfeld in irgendeiner Weise zu den bisherigen Geschäften des Kunden passen muss.

Insgesamt ist die Geschäftsausweitung in neue Felder der Diversifikation zwar möglich, aber riskant. Es erfordert einschlägiges Know-how seitens des Lieferanten und dessen Übertragung auf den Kunden.

Fazit

Von allen Feldern der Geschäftsausweitung sollten deshalb diese Felder nur bei Vorliegen erstklassiger Chancen und Voraussetzungen angegangen werden. Denn der Lieferant kommt hier sehr stark an die Grenzen seiner eigenen Kompetenz, seiner Gestaltungskraft des Marketings und der Geschäftspolitik seiner eigenen Kunden heran und kann diese sehr leicht überschreiten, was die Gefahren inkompetenter Beratung nach sich ziehen kann.

Also lieber „Hände weg!" statt zu forscher Vorgehensweise.

2.12 Die erkennbaren Potenzialfelder einer Geschäftsausweitung mit Key Accounts angehen

Wie im vorangegangenen Teil dargestellt, ist es eine der wichtigsten Aufgaben des Key Account Managements, die Kunden soweit zu kennen, um beurteilen zu können, wo sich Felder für die Ausweitung der Geschäfte ergeben könnten. Die Informationen dazu erhält man im besten Fall vom Kunden selbst. Wo das nicht möglich ist, müssen konkrete Zahlen durch Schätzungen ersetzt werden, welche wiederum im Gespräch mit Kunden geprüft und ggf. erhärtet werden können. Im nächsten Schritt kommt es daher darauf an, folgende Prüfungen zu machen:

- Wie groß ist dieses Potenzial beim Key Account in T €?
- Wie viel davon ist für die eigene Firma generierbar, weil z. B. die geforderte Kompetenz vorliegt oder Wettbewerbsvorteile eingesetzt werden können?
- Wie sind die Chancen der Generierung einzuschätzen?
- Wie sind die Risiken einer Generierung einzuschätzen?
- Was ist unter diesen Betrachtungen realistisch zu erreichen oder zu generieren?
- Wie verlaufen die Entscheidungsprozesse im Kundenunternehmen für eine Mitwirkung an der Potenzialerschließung im Einzelfalle?
  - Wer sind die Entscheider?
  - Nach welchen Gesichtspunkten entscheiden sie?
  - Wer sind die Beeinflusser?
  - Welche Interessen verfolgen sie?
  - Über welche Medien informieren sich Entscheider und Beeinflusser? Dabei spielen heute die Internetauftritte der Lieferanten eine sehr große Rolle: Welcher Nutzen für den Kunden lässt sich über die von ihm bevorzugten Medien wie darstellen usw.?

Das folgende Arbeitsblatt stellt die wesentlichen Felder für die Geschäftsausweitung mit Key Accounts auf einer Seite dar. Es erleichtert einen ersten Einstieg, indem pro Feld ein paar wichtige Identifizierungen und Schätzungen gemacht und eingetragen werden können:

1. Kennzeichnung des Feldes
2. Geschätzter Wert in T € oder Stückzahl, die hier erkennbar sind
3. Wie viel erscheint daraus für das eigene Unternehmen generierbar?
4. Wie werden
   - die Chancen (gut oder sehr gut) und
   - die Risiken (groß oder sehr groß) eingeschätzt?
5. Wie viel ist also realistisch generierbar?
6. Lohnt sich eine Entwicklung dieses Geschäftsfeldes bei diesem Kunden? (Abb. 2.14)

Potenzialbereiche zur Geschäftsausweitung bei und mit Key Accounts	Geschätzter Wert (T €)	Davon generierbar (%)	Chancen/ Risiken: ++/+/0/-/--	Generierbar (T €)	Handlung: ++/+/0/-/--
2.01. AUSWAHL Geeignete Kunden als Key Accounts für eine Ausweitung gemeinsamer Geschäfte auswählen und priorisieren					
2.1. AUSGANGSFELD Die eigene Lösung passgenau auf die Probleme und Anforderungen des Kunden hin gestalten					
2.2. MITWACHSEN Das Wachstum (Schwung) des Kunden mitmachen					
2.3. LIEFERANTEIL Den eigenen Lieferanteil beim Key Account über eigene Wettbewerbsvorteile erhöhen					
2.4 CROSS SELLING Aus Bereichen mit bestehenden Kontakten in andere Bereiche des Kunden hinein Geschäfte ausweiten					
2.5 STRATEGIEFINDUNG Geeignete Grundstrategien zur Sicherung und zum Ausbau der eigenen Position beim Key Account entwickeln: Investieren, Ausbauen, Optimieren?					
2.6. INNOVATIONEN Das eigene Leistungsspektrum durch eigene und gemeinsame Innovationen mit dem Kunden stärken und die Wettbewerbsfähigkeit erhöhen					
2.7. KUNDEN STÄRKEN Verbesserungen im eigenen Unternehmen durchführen und deren Ergebnisse ggf. an Kunden weitergeben					
2.8 KUNDENBERATUNG Verbesserungsmöglichkeiten der Leistungsfähigkeit und Effizienz im Hause des Kunden erkennen und diesem vermitteln und ermöglichen, um dessen Wettbewerbsfähigkeit zu stärken					
2.9. NEUE FELDER Neue Geschäftsmöglichkeiten des Kunden erkennen und mit diesem gemeinsam erschließen					
Gesamtsummen SIKAM 100					

Abb. 2.14 Summe der Potenzialbereiche zur Geschäftsausweitung bei und mit Kunden

Ist auf diese – oder eine andere – Weise eine Übersicht über die Felder und die geschätzten Volumina möglicher Geschäftsausweitungen geschaffen worden, müssen zwischen den verschiedenen Möglichkeiten (Chancen, Opportunities) Prioritäten gebildet werden: Was wird angegangen, was zurückgestellt?

Dann geht es um die Fragen,

- wie man als Key Account Manager den Kunden überzeugen kann, die Zusammenarbeit mit dem eigenen Lieferantenunternehmen auszuweiten und
- die eigene Firma dafür zu gewinnen, dies mitzumachen und Ressourcen dafür einzusetzen.

Dazu können die Methoden des Key Account Sellings hilfreich sein.

Quellen und Literatur

1. Kaeser, Joe. (2. August 2013). CEO Siemens. *Süddeutsche Zeitung München,* Seite 18. Dokument-ID A55117973.
2. In Anlehnung an: Mei-Puchler, Antonella. 2003. Kundenbindung durch Discovery. In *Kundenorientierte Unternehmensführung*. Hrsg, H. Hinterhuber und K. Matzler. Wiesbaden: Gabler.
3. Schäfer, H. 2002. *Die Erschließung von Kundenpotenzialen durch Cross Selling*. Wiesbaden: DUV.
4. Finke, Björn. (8. Januar 2009) Lieber wachsen als sparen. *Süddeutsche Zeitung vom Wirtschaft,* Seite 19:Dokument-ID A44346219.
5. Porter, Michael.1983. *Wettbewerbsvorteile*. Frankfurt a. M.: Campus.
6. Deutsche Autohersteller sind am findigsten. Frankfurter Allgemeine Zeitung vom 13.4.2013
7. Anzeige aus der Süddeutsche Zeitung vom 13.4.2013
8. Jensen, Ove. 2001. *Key account management. Gestaltung, Determinanten, Erfolgswirkungen*. Wiesbaden: DUV.
9. Womack, J., D. Jones, und D. Roos.1992. *Die zweite Revolution in der Automobilindustrie*. Frankfurt a. M.: Heyne.
10. SÜDDEUTSCHE ZEITUNG v.12.2.2014

11. In Anlehnung an: Hanan, Mack. 2006. *Key account selling*. New York; Hanan, Mack und Peter Karp. 2011. *Competing on value*. New York; Hanan, Mack. 2011. *Profits without products*. New York; Hanan, Mack. 2011. *Consultative selling*. New York; Napolitano, Lisa. 1997. *Unlocking profits*. Chicago; Brown, Stanley A. 1995. *What customers value most*. Toronto; Davis, Scott M. 2009. *The shift*. San Francisco.
12. Napolitano, Lisa. 1997. *Unlocking profits*. Chicago: SAMA.

3 Key Account Selling: Gewinnung und Sicherung von Schlüsselkunden

Key Account Management ist eine proaktive Methode der Kundengewinnung, Kundenpflege, Kundenbindung und Kundenentwicklung. Das heißt, dass die Ideen und Anstöße dazu vom Key Account Management des Lieferanten kommen müssen, möglichst bevor der Kunde Möglichkeiten der Verbesserung und Ausweitung der Zusammenarbeit erkannt hat und bevor die eigene Konkurrenz dies tut (denn diese ist möglicherweise auch im Besitz der Informationen dieser Unterlage).

Um den Kunden für neue Ideen und Formen der Zusammenarbeit zu gewinnen, zu begeistern und zu halten, muss sich ein Unternehmen in Denken und Verhalten neu oder zusätzlich positionieren. Nämlich vom Unternehmen, das lediglich Produkte, Dienstleistungen oder Lösungen verkauft, zu einem Unternehmen, dessen Kernkompetenz die Fähigkeit zur Nutzenverbesserung und Ertragssteigerung für den Kunden beinhaltet und konkret auch liefert. Es gibt Dutzende von Veröffentlichungen, die deutlich machen, dass ein Key Account Manager neben einem Fachmann für Produkte, Dienstleitungen und Lösungen für sein Unternehmen vor allem auch ein Fachkundiger für die Beratung seiner Kunden zur Verbesserung ihrer eigenen Profitabilität sein muss. Das ist die beste Methode, um auch selbst als Lieferant gut zu verdienen [1].

© Springer Fachmedien Wiesbaden 2014

H. Sidow, *Key Account Marketing & Key Account Selling*,
DOI 10.1007/978-3-658-06355-9_3

Die Methoden des Key Account Selling liefern nach Inhalten und Aufbau im Prinzip Vorkalkulationen für den Kunden, um seine eigene Investitionsentscheidung aus dem Vorschlag des Key Account Managements des Lieferanten begründen zu können. An dieser Stelle trennen sich auch die Wege von seriösem zu unseriösem Verkauf. Der seriöse Verkauf muss den Nutzen und den Vorteil für seinen Kunden aus seinem Angebot heraus beweisen können. Die Methoden dazu werden im Folgenden aufgezeigt. Die infrage kommenden Beweismethoden müssen sachlich richtig und nachvollziehbar sein. Anders erlangen Geschäfte in seriösen Kundenbranchen keine nachhaltige Basis.

In den Konsumgüterbereichen liegen derartig viele Zahlen, Daten und Fakten aus der Marktforschung vor, dass man einen Kunden nicht beschummeln kann: Einmal vielleicht, aber danach ist sein Vertrauen zu Person und Firma des Key Account Managers für lange Zeit zerstört – „Den schickt mal lieber nicht mehr her!" ist eine typische Reaktion auf schlechte Beratung und negatives Verkaufen. Allerdings ist in der Konsumgüterindustrie die Konzentration auf die für das Lieferunternehmen günstigsten Daten weit verbreitet, wobei nicht Vorzeigbares unter den Tisch fallen gelassen wird.

Sehen wir uns zum Beispiel im B2C-Bereich die großflächigen Schäden an, die von Banken und Versicherungen in der Beratung von Anlegern der Endverbraucherebene angerichtet wurden. Nach der Bankenkrise gab sich der Chef der Royal Bank of Scotland (RBS), Ross McEwan, zerknirscht und reumütig. Er stellte dar, dass seine Bank in der Vergangenheit wohl vergessen habe, worum es im Bankgeschäft eigentlich gehe: den Kunden zu helfen. Stattdessen habe der Konzern seinen Kunden Produkte verkauft, die sie überhaupt nicht brauchten: „Wir haben die Zeit unserer Kunden mit unnötiger Bürokratie verschwendet. Wir haben sie im übertragenen Sinne ans letzte Ende der Schlange gestellt" [2]. Es wurden weitflächig – und das können wir bis heute immer noch in neuesten Pressedarstellungen verfolgen – Lügen über die Produkte und Anlageformen verbreitet und vor allem ein Kundennutzen vorgespiegelt, der nicht zu beweisen war und auch nicht eingetreten ist, oft bis zum Totalverlust der gesamten Anlagen. Solche Verhaltensweisen, haben das Image des Berufes des Bankers so geschädigt, dass diese Berufsgruppe inzwischen an letzter Stelle auf einer Skala der Beliebtheit von Berufsgruppen liegt. Allerdings wurden den Bankberatern ihre Entgleisungen auch von den eigenen Kunden leicht gemacht: Übertriebene, von Gier getriebene Renditeerwartungen führten dazu, dass viele Bankkunden alles geglaubt haben, was ihnen vorgestellt wurde. Denn für viele Menschen ist es viel leichter, etwas zu glauben, als es genau nachzuprüfen.

Das gesamte Image des Verkaufs und des Verkäufers ist seit Langem negativ bestimmt und geprägt. Fragen Sie heute einen Laien, was er unter Verkaufen versteht, so bekommen Sie meist negative Definitionen wie „Übers Ohr hauen", „Über den Tisch ziehen" oder Schlimmeres aus der Fäkalsprache zu hören. Ein anderer Negativausdruck ist „verraten und verkauft".

Dem muss zweierlei entgegengesetzt werden:

- Ein seriöser Begriff für Verkaufen
- Der Grundsatz, dass nur und ausschließlich dieser seriöse Begriff des Verkaufens für Key Account Manager gültig sein kann

Denn zum Beispiel in den B2B-Märkten sind auf der Seite der Beschaffung der Kunden meist genau rechnende Kaufleute und Ingenieure im Einsatz, die sich schon gar nicht ein X für ein U vormachen lassen, und für Akzeptanz und Vertrauen gilt das Gleiche.

Schon der römische Philosophen-Kaiser Marc Aurel empfahl:

> Werde nicht müde, deinen Nutzen zu suchen, indem du anderen Nutzen schaffst! [3]

Heinz Goldmann, der Grandseigneur des Verkaufs in Europa, hat in den 1950er Jahren diesen Begriff so erneuert:

> Verkaufen heißt, einen anderen Menschen von seinem Nutzen und Vorteil einer Ware, Dienstleistung oder Lösung zu überzeugen. [4]

Das Wesentliche dieses Begriffs besteht also darin, dass es primär auf die Interessen und den Nutzen des Kunden (des anderen) ankommt. Diese Interessen sind auch heute noch in vielen Verkaufsprozessen nicht oder zu wenig berücksichtigt. Gleichzeitig wird seit Jahrzehnten Kunden- und Marktorientierung eines Unternehmens als Erfolgsfaktor gelehrt – aber sehr oft nicht konsequent gelebt.

Als erstes muss man sich dazu in die Lage versetzen, dem Kunden den Nutzen der eigenen Vorschläge beweisen zu können. Argumentation als häufige Floskel im Verkauf bedeutet im Kern Beweis. Und Beweis erfordert die Darstellung des Kundennutzens und des Nutzenvorteils (Mehrnutzens) des eigenen Angebotes gegenüber den eigenen Wettbewerbern.

Der wichtigste Aufhänger, den Lieferanten dabei bieten können, ist die Unterstützung des Kunden bei der Verbesserung seiner Erträge und seiner Anteile in seinen Märkten.

Dafür gibt es mehrere Methoden. Bevorzugen Sie nach Möglichkeit in Zahlen, Daten und Fakten kalkulierbare Methoden. Eine gängige Methode dafür ist das Value Based Selling als eine gute Hilfe. In deren Zentrum wiederum steht der Value Added.

3.1 Value Added: Den Nutzen für den Kunden gestalten, verbessern und kommunizieren

Ein wertbasierter Verkaufsansatz, der auf ständige Wertanalyse und Wertverbesserung zugunsten von Kunde und Lieferant angelegt ist, schafft eine nachhaltige Beziehung zu Kunden, insbesondere, wenn die Aufgabe gemeinsam dauerhaft angelegt ist. Wettbewerbsvorteile ergeben sich aus der besseren Unterstützung des Kunden in Bezug auf seine kritischen Erfolgsfaktoren. Denn Produktdifferenzierungen sind weitgehend ausgereizt [5].

Jedes Produkt, jede Dienstleistung, jede Lösung muss dem Kunden einen Grundnutzen liefern. Der Grundnutzen richtet sich nach den Anforderungen und Wünschen der Kunden und besteht aus zentralen Treibern dieses Nutzens – den Nutzentreibern. Nutzentreiber sind vor allem:

- Das Produkt selbst und seine Details
- Die Qualität des Produktes und seiner Details
- Die produktbegleitenden Dienstleistungen und das Know-how des Lieferanten, welches die Produktnutzung verbessert oder erhöht und aus dem nackten Produkt durch ergänzende Dienstleistungen und zusätzliches Know-how eine Lösung bildet
- Die vom Lieferanten gebotene Gesamtsystematik, in die das Produkt, die Dienstleistung oder die Lösung eingebettet sind und den Lieferanten als Systemlieferanten qualifiziert
- Die Gestaltung des Produktes selbst, die Anmutung die die Gestaltung zur Folge hat [6]
- Das Image des Lieferanten bzw. seiner Marke und deren Bekanntheitsgrad
- Die Innovationskraft und der Bekanntheitsgrad dafür
- Die Verpackung und Aufmachung des Produktes
- Der Preis
- Die Lieferkonditionen:
  - Lieferzeit
  - Lieferart
  - Konditionenvorteile aus vom Kunden übernommenen Teilen der Leistung
- Das Preis-Leistungs-Verhältnis, welches die Produkt- und Leistungsdetails mit dem Preis als Vergleichswert kennzeichnet
- Der Service, insbesondere der Service nach dem Kauf (After Sales Service)
- u. a. m.

Jeder Nutzentreiber befriedigt im Prinzip fünf große Grundmotive des Kunden:

- Gewinnstreben
- Sicherheit
- Bequemlichkeit
- Ansehen, Prestige, Eitelkeit, Selbstwertgefühl und
- Kontaktbedürfnis

Diese Grundmotive oder Triebkräfte der Kunden, die Kaufmotive, haben bei einzelnen Kunden und Entscheidern, aber auch in Bezug auf die jeweiligen Kaufgegenstände und Entscheidungssituationen, zum Teil völlig unterschiedliche Bedeutungen, Ausprägungen und Prioritäten. Das kennzeichnet die Individualität der Kunden, die Individualität ihrer Beziehung zum Kaufgegenstand und die Unterschiedlichkeit der Entscheidungssituationen. Auf diese unterschiedlichen Individualitäten der Bedürfnisse von Kunden müssen sich Lieferanten und ihre Key Account Manager einstellen.

Jeder Nutzentreiber hat drei verschiedene Dimensionen:

- Den Grundnutzen
- Den Mehrnutzen
- Den Zusatznutzen

Der Grundnutzen hat die Grunderwartung eines Kunden zu befriedigen, also ein Auto muss als Fortbewegungsmittel funktionieren, ein Brot muss nahrhaft sein.

Der Mehrnutzen (Value Added) hat zwei Dimensionen:

- Die erste Dimension bezieht sich auf die Anforderungen des Kunden. Diese können auf den Grundnutzen und die übrigen Nutzendetails neben einer unterschiedlichen Bedeutsamkeit oder Gewichtung eine unterschiedliche Stärke oder Höhe haben. So kann man ein sehr einfaches Auto bevorzugen, das gerade mal zur Fortbewegung taugt, oder ein Luxusmodell, das noch eine Reihe von weiteren Kaufmotiven, wie z. B. Statusbedürfnis (Mercedes), Sicherheit, Kontaktbedürfnis, Lebensfreude (BMW: „Freude am Fahren"), Luxurierung oder vieles andere mehr, befriedigt.
  - Der Mehrnutzen kann die Anforderungen des Kunden überschreiten und dadurch möglicherweise zu teuer werden. Das kann den erreichbaren Markt auf die oberen Segmente einengen. Heute gibt es bereits wieder viele Kunden, die sich für einfache Autos mit möglichst wenig (anfälliger) Elektronik interessieren: Sie haben die Erfahrung gemacht, dass die Repa-

ratur von komplexer Elektronik sehr teuer bis unmöglich sein kann.
  - Der Nutzen kann aber auch die Anforderungen des Kunden unterschreiten und dadurch die Unzufriedenheit des Kunden zur Folge haben. Das bringt Wettbewerbsnachteile und schadet nur dann nicht, wenn der Kunde kein Alternativangebot hat bzw. keine Mitbewerber zum Lieferanten vorhanden sind (z. B. in der früheren DDR).
- Die zweite und wichtigere Dimension bezieht sich auf den Vergleich des angebotenen Nutzens zum Angebot des Mitbewerbers. Der Mehrnutzen zum Mitbewerber wird auch Nutzenvorteil oder Value Added genannt und bringt dem Unternehmen Wettbewerbsvorteile, die es in Liefer- und Marktanteile und deren Ausbau umsetzen kann.

Der Zusatznutzen (Added Value) kann sich auf alle möglichen Anforderungen des Kunden beziehen. Er bezieht sich nicht auf den Grundnutzen und verbessert diesen auch nicht, sondern bietet zusätzliche Nutzenelemente, die neben dem Grundnutzen bestehen. Es handelt sich um ein Bündel von Maßnahmen und Leistungen, die im Rahmen eines Added Value Marketing die Kernleistung eines Angebots wertsteigernd anreichern.

Ein etwas skurriles Beispiel kann dies erläutern: Ein deutscher Maschinenbauer lieferte eine Anlage in die frühere Sowjetunion in einer Verpackung, die der Entscheider oder Empfänger leicht für den Bau einer Datscha verwenden konnte.

Jeder Nutzentreiber kann auf die Frage seiner Verbesserungsmöglichkeit hin untersucht werden. Die Verbesserungen können dem Kunden bringen:

- Verbesserung des Nutzenvorteils für seine eigenen Kunden
  - Im Verhältnis zu den Anforderungen dieser Kunden
  - Im Verhältnis zu seinen Wettbewerbern bei seinen eigenen Kunden

- Verbesserung des Zusatznutzens
- Kostenverringerung
- Energieeinsparung
- Materialeinsparung
- Vereinfachung von Arbeitsprozessen
- Beschleunigung von Arbeitsprozessen
- Verbesserung der Wettbewerbsvorteile des Kunden in seinen Märkten
- Reduzierung des Preises
- usw.

3.2 Wie man ein Programm zur Wertverbesserung des Kundennutzens aufbauen kann

a. Finden Sie zum Beispiel mit einem „Discovery-Programm" heraus, auf welchen Feldern Sie
   - Ihre Grundleistungen oder
   - Ihre Zusatzleistungen

   verbessern oder erneuern (Innovation!) können.
b. Verwenden Sie die Grundstruktur der Value-Added-Argumentation (siehe unter Abschn. 3.4).
c. Bauen Sie aus diesen beiden Elementen (a. und b.) ein Programm auf zur Verbesserung des Kundennutzens (Value Added).
d. Kümmern Sie sich um Unterstützung und eine Grundsatzentscheidung aus Ihrem eigenen Unternehmen.
e. Formulieren Sie eine Argumentation für eine überzeugende Kommunikation zum Kunden hin.
f. Überzeugen Sie Ihren Kunden mithilfe einer schlüssigen Präsentation. (Sehen Sie sich das Beispiel der Firma Voith in Heidenheim an unter www.voith.com/Voith Paper/Value+)

In der Praxis werden dazu spezielle Arbeitsgruppen zwischen Kunden und Lieferanten gebildet, die kooperativ Modelle und Vorgehensweisen zur Wertsteigerung von Produkten, Dienstleistungen oder Lösungen zum beiderseitigen Nutzen entwickeln (Value Co-Creation). Als Lieferant sollte man so etwas machen, wenn aus der Zusammenarbeit etwas dazugelernt werden kann und nicht nur eigene Kompetenz oder Know-how an Kunden abgegeben wird [1].

3.3 Value-Added-Argumentation

3.3.1 Basisstruktur

Die Basisstruktur muss wie in Abb. 3.1 dargestellt – für die praktische Situation detailliert ausgefüllt werden.

1. Wie sieht die heutige Lösung des Kunden aus?
   a. Nutzen für den Kunden p. a.: 10.000.000
   b. Kosten für den Kunden p. a.: -1.500.000
   c. Bilanz 1 p. a.: 8.500.000
2. Wie sieht die neue (und bessere) Lösung des Kunden nach unserem Vorschlag aus?
   a. Nutzen für den Kunden p. a.: 13.000.000
   b. Kosten für den Kunden p. a.: -1.800.000
   c. Bilanz 2 p. a.: 11.200.000
3. Wie sieht die neue Lösung nach dem Vorschlag des Wettbewerbs für den Kunden aus?
   a. Nutzen für den Kunden p. a.: 9.000.000
   b. Kosten für den Kunden p. a.: -2.600.000
   c. Bilanz 3 p. a.: 6.400.000
4. Wie sieht die Kosten-Nutzen-Bilanz für den Kunden aus?
   a. Bilanz 1: bisherige Lösung 8.500.000
   b. Bilanz 2: unser Vorschlag 11.200.000
   c. Bilanz 3: Vorschlag des Wettbewerbs 6.400.000
   d. Bilanz 4: Welcher Nutzenvorteil oder Mehrnutzen ergibt sich für den Kunden aus dem Vergleich unserer neuen Lösung mit seiner bisherigen Lösung und dem Lösungsvorschlag unserer Konkurrenz
      i. gegenüber seiner bisherigen Lösung: 2.700.000
      ii. gegenüber der angebotenen Lösung des Wettbewerbs: 4.800.000

Abb. 3.1 Value-Added-Argumentation: Basisstruktur

Fazit

Es handelt sich hier sicher um ein ideales Beispiel für eine Argumentation. Andere Beispiele werden knapper oder sogar negativ ausgehen. Wenn sie negativ ausgehen ist es besser, sich erst intern mit seinem Team, dem Produktmanagement, der Entwicklung u. a. m. zusammenzusetzen und das Angebot zu verbessern, bevor man es dem Kunden vorstellt. Wichtig ist, dass sich der Key Account Manager für die wichtigsten Situationen seiner verkäuferischen Arbeit eine Basisargumentation nach diesem oder einem ähnlichen Grundmuster vorbereitet und zurechtlegt, um einfach überzeugender auftreten zu können und gegen Einwände und Forderungen von Kundenseite besser gewappnet zu sein.

Sollte seine Berechnung zu seinen Ungunsten ausgehen, hat er zwei Möglichkeiten:

- Anstößе in seine Firma nach innen zu geben zur Verbesserung des eigenen Preis-Leistungs-Verhältnisses, in diesem Falle vor allem des Preises.
- Nicht-quantifizierbare Zusatzargumente zu bringen, die zum Beispiel das Prestigedenken des Kunden ansprechen usw. Denn nicht alle Nutzenvorteile für Kunden lassen sich quantifizieren – entweder insgesamt oder teilweise. Das ist das Feld für die verbale Beschreibung zusätzlicher, nicht quantifizierbarer Nutzenvorteile.

3.3.2 Die Argumentation mit den Costs of Lifetime

Die Argumentation mit den Costs of Lifetime (CoL) ist eine weitere Methode zum Beweis des Kundennutzens. Sie vergleicht den Preis einer Anschaffung oder Investition mit den Kosten, die während der gesamten Lebensdauer eines Produktes oder einer Lösung anfallen. Sie wird auch oft bezeichnet als Methode der Total Cost of Ownership (TCO). Diese Methode ist beliebt bei der Beschaffungsabteilung vieler Kunden und für die Kalkulation des Nutzens im Anlagenbau. Die Methode hat in einzelnen Branchen und Firmen unterschiedliche und differenzierte Ausformungen erhalten.

Dabei wird ein Vergleich vom Beschaffungsmarketing hergestellt über die CoL oder TCO des Angebots eines Lieferanten zu anderen Lieferanten. Ich konnte feststellen, dass die Key Account Manager in einigen Firmen nicht einmal die Begriffe und die Methoden dieser Art des Kostenvergleichs von Einkäufern kannten. Das liegt zum Teil auch an der Methode von Einkäufern und Investoren, die sich den eigenen Nutzen ihrer Investition selbst durchaus ausgerechnet haben und ihn kennen, aber doch mit Scheinargumenten den Preis drücken wollen, indem sie diesen in der Argumentation rhetorisch priorisieren und zum scheinbar hauptsächlichen Entscheidungsfaktor machen. Da viele Verkäufer von der Preisfixierung ihrer Kunden geblendet sind, fallen auch viele von ihnen auf diese Tricks herein. Dagegen hilft eine übersichtlich und leicht nachvollziehbare Darstellung in Form einer Balanced Scorecard. In dieser können die einzelnen Bestimmungsfaktoren in eine anschauliche Übersicht gebracht werden:

- Die Kostenarten
- Ihre Gewichtung
- Die Bewertung der Kostenarten
- Die Übertragung dieser Bewertungen in ein Scoring-System von 0 bis 100 Punkte
- Der Nutzen für den Kunden und
- Das Endergebnis als gewichtete Punktzahl (Tab. 3.1)

Dieses Beispiel einer Balanced Scorecard (BSC) für den Vergleich der Costs of Lifetime entspricht spiegelbildlich der BSC für die relative Wettbewerbsposition (Abb. 3.5) und zeigt den deutlichen Wettbewerbsvorsprung des eigenen Angebotes gegenüber – in diesem Beispiel – dem Mitbewerber A. Es bedeutet eine Vereinfachung der Argumentation für Key Account Manager, wenn sie sich an in sich konsistente Denk-, Darstellungs- und Argumentationsmuster halten. Diese werden vom entwickelten Beschaffungsmarketing der Key

Tab. 3.1 Cost of Lifetime Beispiel 1. (Quelle: Eigene Darstellung)

Eigenes Angebot:					Mitbewerber A:			
Kostenart	Höhe/Kennzeichnung	Bedeutung aus Kundensicht	Scoring 0–100 Punkte[a]	Gewichtete Punktzahl: 100	Höhe/Kennzeichnung	Bedeutung aus Kundensicht	Scoring 0–100 Punkte[a]	Gewichtete Punktzahl: 100
Anschaffungspreis	100.000[a]	35 %	20	7	75.000[a]	35 %	50	17,5
Zins und Zinseszins	10 Jahre 3 % = 35.423	5 %	20	1	10 Jahre 3 % = 26.567	5 %	50	2,5
Betriebskosten pro Jahr	20.000	10	70	7	30.000	10	40	4
Bedienungsaufwand pro Jahr	50.000	10	60	6	70.000	10	40	4
Servicekosten p. a.	3000	5	80	4	5000	5	50	2,5
Kundennutzen detailliert p. a.	Output 1.000.000	35 %	80	28	Output 600.000	35 %	40	14
Andere								
Gesamtsumme		100 %		53		100 %		44,5

Legende für das Scoring: 0–20 = sehr niedrig, 21–40 = niedrig, 41–60 = mittel, 61–80 = hoch, 81–100 = sehr hoch

[a] bei Preisen und Kosten umgekehrt proportional

Accounts gleich oder sinngemäß ähnlich verwendet und helfen, verwirrte Emotionaldiskussionen zu klären und transparent zu machen. Sie geben zugleich nachvollziehbare Anregungen für die Verbesserung der Angebote in Richtung der gewichteten Anforderungen von Kunden. Die Verwirrung dagegen ist oftmals von trickreichen Einkäufern gewollt und wird überwiegend über die Preisfokussierung gesteuert (Abb. 3.2).

Soweit TCO in eine finanzwirtschaftliche Analyse integriert ist (ROI, IRR, EVA, ROIT u. Ä.), ist sie natürlich ein wichtiges Instrument zur wirtschaftlichen Beurteilung einer Investition.

Ausgangspunkt ist die Lebensdauer der Lösung, die in unserem Beispiel zehn Jahre betragen soll:

	Beispiel:
1. Wie sieht die heutige Lösung des Kunden aus?	
a. Nutzen für den Kunden:	100.000.000
b. Kosten für den Kunden:	-15.000.000
c. Bilanz 1:	85.000.000
2. Wie sieht die neue (und bessere) Lösung des Kunden nach unserem Vorschlag aus?	
a. Nutzen für den Kunden:	130.000.000
b. Kosten für den Kunden:	- 8.000.000
c. Bilanz 2:	122.000.000
3. Wie sieht die neue Lösung nach dem Vorschlag des Wettbewerbs für den Kunden aus?	
a. Nutzen für den Kunden:	90.000.000
b. Kosten für den Kunden:	- 26.000.000
c. Bilanz 3:	64.000.000
4. Wie sieht die Kosten-Nutzen-Bilanz für den Kunden aus?	
a. Bilanz 1: bisherige Lösung	85.000.000
b. Bilanz 2: unser Vorschlag	122.000.000
c. Bilanz 3: Vorschlag des Wettbewerbs	64.000.000
d. Bilanz 4: Welcher Nutzenvorteil oder Mehrnutzen ergibt sich für den Kunden aus dem Vergleich unserer neuen Lösung mit seiner bisherigen Lösung und dem Lösungsvorschlag unserer Konkurrenz	
i. gegenüber seiner bisherigen Lösung:	37.000.000
ii. gegenüber der angebotenen Lösung des Wettbewerbs:	58.000.000

Abb. 3.2 Aufbauschema für eine Argumentation mit den Costs of Lifetime Beispiel 2. (Quelle: Eigene Darstellung)

3.4 Programm zur Verbesserung des Kundennutzens

Programme zur laufenden Verbesserung des Kundennutzens sind inzwischen in Firmen mit einem professionellen Key Account Management und einer hoch entwickelten Lieferanten-Kunden-Beziehung Standard und State of the Art. Der Nutzen daraus für Lieferanten ergibt sich aus vielen Aspekten, wie:

- der ständigen Wertanalyse, d. h. der ständigen internen Suche nach Verbesserungsmöglichkeiten aller Art unter dem Gesichtspunkt, wie sich Endergebnisse der unternehmerischen Leistungen verbessern und gleichzeitig Kosten minimieren lassen;
- der Entwicklung von Wettbewerbsvorteilen zwischen den Messlatten der Kundenanforderungen einerseits und der Leistungen der Mitbewerber andererseits;
- der Entwicklung von Innovationen für bestehende und neue Geschäftsfelder (Tab. 3.2).

1. Bestimmen Sie aus den Ergebnissen der mit dem Kunden abgestimmten Balanced Scorecard oder des Suchprogramms „Discovery“ ein Feld für eine Verbesserung oder Innovation heraus.
2. Wie soll die Verbesserung oder Innovation aussehen?
3. Nutzenvorteil für den Kunden, Zusatznutzen, Verbesserungsgrad usw. in € oder %?
4. Treffen Sie eine Entscheidung darüber, wie die Verbesserung oder Innovation in Ihrem Unternehmen umgesetzt, mit dem Kunden abgestimmt und später an den Kunden vermittelt werden soll (CVAP = Customer Value Added Program, Programm zur Verbesserung des Kundennutzens, oder Pipeline für Verbesserungen und Innovationen (PLV&I).

Tab. 3.2 Beispiel für ein Strukturschema für die Verbesserung des Kundennutzens. (Quelle: Eigene Darstellung)

Strukturschema zur Findung und Realisierung der Verbesserung von Kundennutzen				
Feld/Gebiet/Lösung/ Forschungs-Detail (siehe „Discovery")	Wie sieht die Verbesserung oder Innovation der Lösung aus?	Mehrnutzen oder Zusatznutzen für den Kunden/Verbesserung usw. (€) oder (%)	Wer macht das?	
			Initiator:	Realisierung:
Leistungs-fähigkeit des Systems	Neugestaltung der Software	10 % Erhöhung der Leistungs-fähigkeit	KAM	PM und R&D
Sicherheit des Systems	Senkung der Feuchtigkeits-empfindlichkeit	15 % niedrigere Feuchtigkeits-empfindlichkeit	KAM	PM und R&D
Lieferzuverlässigkeit	Zwischenlager in Singapur einrichten	Lieferfähigkeit auf 90 % erhöht	KAM	Verkaufs-verwaltung/ Sales Administration

3.5 Preisvorgaben der (Industrie-)Kunden als absolute Bedingung

In der Automobilindustrie werden vielfach die Preise für definierte Zulieferprodukte knallhart vorgegeben. Ein Verhandlungsspielraum wird seitens der Kunden von vornherein ausgeschlossen. Im Gegenteil: Bei Neueinführung eines Modells werden vielfach noch Preisabschläge pro Jahr von 5 % abwärts pro Jahr gefordert und vereinbart, die die positiven Ergebnisse der Lernkurve des Lieferanten abschöpfen.

In diesen Fällen muss der Lieferant sich in all seinen Prozessen so strukturieren, dass er unter diesem Preislimit liegen wird. Schaffen alle Anbieter das nicht, wird der (Automobil-)Kunde zu Zugeständnissen bereit sein.

Vielfach wird in Einzelfällen von Lieferanten jahrelang auf Rendite verzichtet, nur weil man mit einem bestimmten Kunden ins Geschäft kommen möchte oder sich errechnet, nach einer akzeptablen Zahl von Jahren in die Ertragszone zu kommen, oder weil sich das gegenständliche Produkt im Gesamtzusammenhang aller an diesen Kunden gelieferten Produkte rechnet (Mischkalkulation).

3.6 Formen des Nutzenbeweises in der Konsumgüterindustrie

In der Konsumgüterindustrie bei Vertrieb über den Handel besteht die Möglichkeit, dem Kunden seinen Nutzen aus eigenen Vorschlägen des industriellen Herstellers zur Verbesserung des Kunden-Marketings vorzurechnen. Das Problem ist jedoch, dass die Handelskunden das Know-how über die Optimierung ihres eigenen Marketings selbst aufgebaut haben und beherrschen und damit die entsprechende Kompetenz für sich in Anspruch nehmen und kaum mehr beratungswillig sind. Auch sind die Rechenoperationen etwas auf tönerne Füße gebaut. Wenn zum Beispiel ein Key Account Manager der Konsumgüterindustrie dem Handelspartner errechnet, welchen Mehrumsatz und welchen Mehrertrag er erzielen kann, wenn er den angebotenen Artikel listet und in seine Regale aufnimmt, wird oft übersehen, dass ja auf dem Regalplatz bereits ein Artikel steht, der a) bereits Umsatz und Ertrag bringt und b) zur Sortimentsgesamtwirkung beiträgt. Also müssen die Ergebnisse aus der Vermarktung dieser Produkte aus der Sicht des Handels vom Key Account Management mitberücksichtigt werden.

Die Sortimentsgesamtwirkung kennzeichnet den Auftritt einer bestimmten Vertriebsform gegenüber einer gezielt ausgewählten Zielgruppe von Endverbrauchern an einem bestimmten, konkreten Standort. Die Sortimentsgesamtwirkung ist also ein wichtiger Erfolgsfaktor und Gesichtspunkt. Und in die Gestaltung eines solchen Erfolgsfaktors lassen sich die Kunden in der Regel nur schwer reinreden. Immer dann, wenn der Kunde offen für eine Beratung ist, kann man ihm die Resultate der Aufnahme eines Artikels in sein Sortiment nach folgender Formel vorrechnen:

Einzelartikel:

Endverbraucherpreis
- MwSt
Nettoendverbraucherpreis
- Wareneinstand/Einkaufspreis netto/netto
= Stücknutzen
× durchschnittlich pro Jahr abgesetzte Einheiten/Stück
= Bruttonutzen pro Jahr pro Laden/Outlet
× Zahl der Läden/Outlets
= Gesamtbruttonutzen in Euro

Die wichtigsten Kennziffern in Handelsbetrieben

Insbesondere im Bereich von Handelskunden als Key Accounts ist das Arbeiten mit fachspezifischen Kennziffern üblich und gebräuchlich. Es ist wichtig, diese zu beherrschen und fachgerecht einzusetzen, da sonst die Gefahr besteht, dass man von Einkäufern in der Argumentation dominiert wird. Folgende Begriffe und Kennziffern oder Größen sind in diesem Metier wichtig:

1. **Der Preis** des Einzelhandels für den Endverbraucher. Für dieses Gebiet gibt es ein eigenes Fachgebiet mit einer eigenen Fachwissenschaft der Preispolitik. Für Key Account Manager ist die Preisberatung durchaus wichtig. Mit ihr lässt sich oft leicht beweisen, wie durch Preisänderung (Erhöhung oder Senkung) die Preise für Einzelartikel an gewisse bestehende Preisschwellen in den einzelnen Marktsegmenten angepasst werden könnten, um dadurch die Rendite zu steigern. Man kann dabei mit Preisspiegeln arbeiten, welche die Preise der verschiedenen Outlets eines Kunden untereinander oder einen Vergleich mit dessen Konkurrenz ermöglichen. Dagegen gibt es im Einzelhandel Widerstände, die im Wesentlichen drei Quellen entspringen:
   a. Der Handel gibt sogenannten Eckartikeln, an denen Verbraucher die Preiswürdigkeit des einzelnen Einzelhandelsgeschäftes messen, einen betont niedrigen Preis, der auch zu einer Unterspanne oder Negativspanne führen kann, also zu gezieltem Verlust. Das Ziel des Handels entspricht hierbei nicht dem Interesse des Lieferanten, der den Preis nach oben pflegen möchte. Typisches Beispiel für einen so eingesetzten Eckartikel ist seit Jahrzehnten Jacobs Krönung.
   b. Der Handel bietet als verkaufsfördernde Maßnahme in einer Verkaufsaktion Aktionsartikel besonders günstig an, um mehr Kunden in seine Läden zu locken und natürlich, um sein Image als preisgünstig zu pflegen. Aus der Summe der Mehrverkäufe durch erhöhte Kundenfrequenz („Pax") und den Zusatzkäufen seiner Kunden errechnet sich der Handel einen Bruttonutzen, der seine Vorgehensweise in unternehmerischer Sicht rechtfertigt.
   c. Der Handel bietet ganze Sortimentsteile zu herabgesetzten Preisen an, um zum Ende einer ablaufenden Saison sein Lager für die Artikel der kommenden Saison zu räumen. Ganz typisch hierfür sind Winterschlussverkauf und Sommerschlussverkauf im Bekleidungshandel. Dabei kann man aber auch beobachten, dass bestimmte Artikel für ebendiese Aktionen gezielt produ-

ziert und angeboten werden, die keineswegs schon vorher auf Lager waren und deren Lager daher auch nicht geräumt werden müssen. Die Ziele sind hier die gleichen wie oben angegeben: Imagepflege als preisgünstig und Kundschaft („Pax") in die Läden zu locken.

2. **Die Spanne**, auch Handelsspanne genannt, ist gekennzeichnet durch den Prozentsatz der Differenz zwischen dem Wareneinstand oder Einkaufspreis – einerseits – und dem Verkaufspreis des Händlers – andererseits –, jeweils entweder mit Mehrwertsteuer (Bruttospanne) oder ohne Mehrwertsteuer (Nettospanne). Die Spanne wird im Hundert des Verkaufspreises gerechnet.
3. **Der Aufschlag** kennzeichnet eine andere Betrachtung der Spanne: als Differenz zwischen dem Wareneinstand zu Einkaufspreisen – einerseits – und dem Verkaufspreis – andererseits –, jeweils mit Mehrwertsteuer (Bruttoaufschlag) oder ohne Mehrwerststeuer (Nettoaufschlag). Der Aufschlag wird auf das Hundert des Einkaufspreises gerechnet.
4. **Der Stücknutzen** kennzeichnet sowohl Spanne als auch Aufschlag in einer anderen Betrachtungsweise in Euro oder anderen Währungen, in aller Regel ohne Mehrwertsteuer.
5. **Der durchschnittliche Lagerbestand** ist für den Handel eine wichtige Kennziffer, um zum Beispiel die für ihn wichtige Flächenrentabilität zu berechnen und für die Regaloptimierung bei der Regalbestückung in Frontstücke pro Artikel. Er wird in aller Regel nach der Formel „Anfangsbestand + Endbestand: 2" innerhalb eines üblichen Betrachtungszeitraumes von in der Regel einem Jahr berechnet.
6. **Die Umschlagshäufigkeit** oder Drehzahl eines bestehenden Lagers auf einer bestehenden Fläche oder eines einzelnen Artikels im Regal oder im Lager errechnet sich in der Regel nach der Formel „Umsatz: durchschnittlicher Lagerbestand = Umschlagshäufigkeit"
7. **Die Absatzmenge** kennzeichnet die Zahl der abgesetzten Stücke eines Produktes entsprechend ihrer Anzahl oder auch in Kilogramm als Absatzmenge pro Jahr.

8. **Der Bruttonutzen** wird nach der Formel „Stücknutzen × Absatzmenge“ in Euro berechnet.
9. **Die Bruttonutzenkennziffer** kennzeichnet den Bruttoertrag pro eingesetzte 100 € und errechnet sich nach der Formel „Nettoaufschlag × Umschlagshäufigkeit = Bruttoertrag“ pro Jahr pro eingesetzte 100 €
10. **Die Flächenproduktivität** kennzeichnet den Umsatz pro Quadratmeter pro Jahr in Euro und errechnet sich nach der Formel „Umsatz pro Quadratmeter Verkaufsfläche“. Dabei wird die Verkaufsfläche oft unterschiedlich zugrunde gelegt. Richtig ist die Berücksichtigung der Ladenfläche einschließlich der Kassenzone ohne rückwärtige Lager, Büros und Sozialräume.
11. **Die Flächenrentabilität** errechnet sich aus dem Bruttonutzen pro Quadratmeter je nach Betrachtungsart der Regalfläche oder der Verkaufsfläche.
12. **Der Rohertrag** kennzeichnet die Differenz zwischen dem Umsatz zu Verkaufspreisen ohne Mehrwertsteuer und dem Wareneinstand zu Einkaufspreisen netto ohne Mehrwertsteuer. Bezugsgröße ist der Gesamtumsatz einer Betrachtungseinheit (Einzelgeschäft oder Gesamtfirma) für ein ganzes Jahr. Es handelt sich um eine in Euro oder anderen Währungseinheiten formulierte Größe.
13. **Der Deckungsbeitrag** kennzeichnet den Beitrag eines Warenbereiches oder eines anderen Teilbereiches eines Unternehmens zur Deckung der festen Kosten und zur Erzielung eines angemessenen Reingewinns.
14. **Die direkte Produktrentabilität (DPR)** wird folgendermaßen berechnet:

Einnahmen aus dem Warenverkauf
- Wareneinstand/Einkaufspreis
= Bruttogewinn
+ Sonderkonditionen
= berichtigter Bruttogewinn
- direkte Produktkosten
= direkter Produktgewinn

Direkte Produktkosten sind die Kosten, die dem Einzelhändler zwischen dem Zeitpunkt des Eingangs eines Artikels in sein Warenlager oder im einzelnen Laden/Outlet und dem Moment, in welchem der Endverbraucher den Laden mit diesem von ihm bezahlten Artikel verlässt, entstehen. Die DPR ist der Beitrag eines Artikels zu den indirekten Kosten oder der Gewinn, den der Verkauf eines Artikels bringt.

Das DPR-Konzept ermöglicht eine artikelgenaue Gewinnermittlung. Sie nützt jedoch wenig für die Gestaltung des Gesamtsortiments und einer Sortimentsgesamtwirkung. Dazu gehören dann auch die Berücksichtigung der Tatsache, dass einige Eckartikel (oder „Lockvögel"), an deren Preis der Endverbraucher die gesamte Preiswürdigkeit eines Handelstyps einschätzen soll, weniger Spanne und Ertrag bringen als andere. Also gilt es auch immer bei der Betrachtung der einzelnen Kennziffernwerte die Rolle zu berücksichtigen, die ein Artikel im Sortiment spielt. Da gibt es Artikel mit hoher oder niedriger Spanne, in Einzelfällen auch mit negativer Spanne. Da gibt es Schnelldreher mit hoher Umschlagshäufigkeit und Langsamdreher mit niedriger Umschlagshäufigkeit. Diese kann auch durch die Zahl der Frontstücke/Facings im Regal beeinflusst werden.

Die einzelnen Kennziffern stehen zueinander in einem komplexen Gesamtzusammenhang und zum Teil im Gegensatz zueinander. So kann man zum Beispiel die Umschlagshäufigkeit eines Artikels erhöhen, wenn man den Preis und/oder die Spanne senkt und umgekehrt. Die Umschlagshäufigkeit kann auch durch Veränderung der Platzzumessung im Regal beeinflusst werden: Verringert man den Platz, dann kann die Umschlagshäufigkeit erhöht werden und umgekehrt. Wesentlich in diesem Zusammenhang ist die Vermeidung der Situation OOS oder Out-of-Stocks oder auch der disharmonischen Lagerleerung und der asynchronen Regalbestückung.

Beispiel

Ein einfaches Beispiel zeigt die Bestückung von Zigarettenautomaten. Die Bestückung der einzelnen Schächte eines Automaten muss der direkten Nachfrage entsprechen, die aus dem direkten örtlichen Umfeld des Automaten kommt. Andernfalls ist ein Schacht, der den wichtigsten Artikel der lokalen Nachfrage enthält, schnell leer, während die anderen noch voll sind. Das führt zu disharmonischen Nachfüllaktivitäten, die durch die entsprechenden Logistikkosten teuer werden und die Erträge schmälern.

Die Komplexität des Zusammenwirkens der einzelnen Gesichtspunkte aus den Kennziffern und den Überlegungen zur Regaloptimierung wird am besten in den sogenannten Regaloptimierungssystemen berücksichtigt und das Ergebnis optimiert. Bekannt sind Systeme wie „Spaceman" des Beratungsunternehmens ACNielsen, „Apollo" von Aldata und andere mehr. In der Praxis stellt die Industrie dazu Gruppen von Spezialisten sowohl für die Regaloptimierung als auch für das Category Management zusammen. Wesentliches Merkmal des Category Managements ist die Steuerung von Warengruppen als strategische Geschäftseinheiten (SGE). Dabei werden Produkte zu Warengruppen und aus Sicht der Verbraucher zu zusammengehörigen Gruppen von Produkten gebündelt.

Das eigentlich Neue dieses Ansatzes ist dabei die Zuordnung von Produkten zu aus Sicht der Verbraucher zusammengehörigen Gruppen von Produkten. So kommt es zu einer Neustrukturierung des Betriebes, weg von der Zweiteilung von Einkauf und Verkauf und hin zu einer Führung des Betriebes nach Warengruppen als strategische Geschäftseinheiten [7].

In den Jahresgesprächen zwischen Industrie und Handel gibt es in diese Richtung gehend richtige Informationsaustauschgefechte (Zahlen-Bombing), sodass im Zweifelsfalle die Beauftragung eines fachlich versierten, neutralen Unternehmens von außen wirtschaftlich ergiebiger ist.

3.7 Kommunikation von Verbesserungsvorschlägen zu Kunden und in Kundenunternehmen

Geschäftspolitik und Strategie eines Unternehmens werden letztendlich beim Kunden konkretisiert. Bei Key Accounts erleben sie den Säuretest ihrer Tragfähigkeit. Dazu gehört der richtige Einstieg mit passenden Argumenten für jede Entscheiderebene (siehe) (Abb. 3.3).

Das drückt sich dann in einer perfekten Verkaufsargumentation aus, nämlich in Erklärung und Beweis der Ergebnisse der eigenen Geschäftspolitik als Nutzen für den Kunden in Form eines Produktes, einer Dienstleistung oder Lösung gemessen am Bedarf des Kunden und dem geforderten Preis.

Das Problem für viele Key Account Manager, Verkäufer und vor allem Techniker besteht darin, dass sie seit Jahrzehnten eine reine Denke und Argumentation in den Kategorien ihres Produktes, ihrer Dienstleistung oder Lösung gewöhnt sind und übersehen, dass Kun-

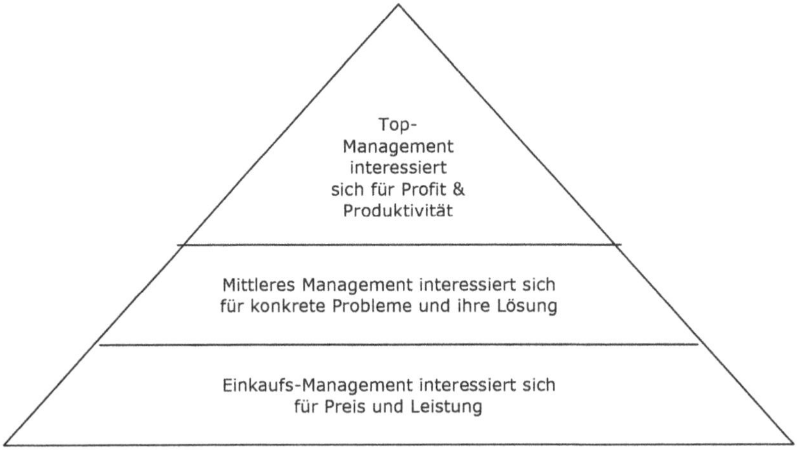

Abb. 3.3 Passende Argumente pro Entscheiderebene

den ganz anders denken: nämlich in den Kategorien ihrer eigenen Probleme und ihres eigenen Nutzens. Und der kommt bei Kunden durch die reine Erklärung der Produktdetails oder Features weitgehend nicht an, weil er sie bei komplexeren Lösungen einfach nicht versteht: Sie werden nicht in seiner Sprache kommuniziert.

Es ist deshalb außerordentlich schwer, eingeschliffene produktbasierte Verkaufsargumentationen bei Menschen in kundenbezogene Nutzenargumentationen umzukehren. Denn dies erfordert eine Umorientierung des Argumentierenden in der Weise, dass er zuerst das Kundenproblem anspricht und dann erst sein Lösungsangebot, auf das er dann den Kundennutzen – bezogen auf dessen bestehendes Problem oder auf dessen Anforderungen hin – gezielt darstellt. Das ganze soll sich auch noch nach den Prioritäten des Kunden richten. Allerdings kann man diese Regel dramaturgisch verändern, indem man zum Beispiel das für den Kunden wichtigste Argument erst am Schluss darstellt (Abb. 3.4).

Wichtig sind in diesem Beispiel einmal die Details, vorab aber vor allem der Gedanke, rhetorisch eine Brücke zu bauen

- vom Problem des Kunden
- über die eigene Lösung
- zum Nutzen(-Vorteil) für den Kunden.

Im vorliegenden Beispielsfall liegen fünf Anforderungen oder Kaufgründe vor, die für den Kunden von absteigender Bedeutung sind:

- Die Anforderung „Leistungsfähigkeit des Systems" wird durch das Lösungsdetail erfüllt, welches hier durch „höchste Leistungsfähigkeit" etwas schwammig gekennzeichnet ist. Es kann dem Kunden Effizienzverbesserung, Kundenbindung durch Kundenzufriedenheit, Sicherheit, Bequemlichkeit und Imagegewinn bringen.
- Die Anforderung „Sicherheit des Systems" wird durch das Leistungsmerkmal „Doppelte Absicherung" erfüllt und bringt dem Kunden Kostenersparnis, Effizienzsteigerung, Kundenbindung

Kundenorientierte Argumentation: Von der Kundenanforderung und deren Rang über die Lösung zum Kundennutzen
Beispiel Telekom Hong Kong fortgeführt
Verkaufsargumentation: Strukturschema mit Verbalisierungshilfen

1. Kunden-anfor-der-ungen: „Ihnen, Herr Kunde, geht es ja um …"	2. Priorität der Anforde-rung aus Kunden-sicht: „Wichtig war ja für Sie vor allem …" Rang:	**Problemlösung für den Kunden:** Telekom Hong Kong Produkt/Lösung: Netzwerke 3. Unsere Leis-tungs-details: Details zu Produkt, Lösung, Angebot, Preis, Konditio-nen, Service, Know-how, usw.	4. Leistungs-vorteils-brücke Verbalisie-rungs-hilfen zur Leistungs-vorteils-brücke: →	5. Nutzenprofil: Nutzen für den Kunden in Bezug auf seine Motive aus seinen Anforderungen 5.1 Gewinnmotiv 5.1.1 Kosten-erspar-nis, Effi-zienz-steiger-ung, Produk-tivi-täts-steiger-ung usw.	5.1.2 Höh-erer Absatz, besse-rer Ver-kaufs-preis, Markt-anteils-gewin-ne usw.	5.1.3 Günsti-gerer Ein-kaufs-preis, bessere Kondi-tionen usw	5.2 Sicher-heit	5.3 Be-quem-lich-keit	5.4 Pres-tige, Gel-tung, Image-gewinn
Leis-tungs-fähig-keit	1	Höchste Leitfähig-keit	„Das be-deutet für Sie …" → „Damit erreichen Sie …" →	√	√		√	√	√
Sicher-heit des Sys-tems	2	Doppelte Absicher-ung	„Damit vermeiden Sie …" ← →	√	√		√	√	√
Preis	3	mittel	„Das erhöht Ihre …" →			--			
Nor-mung nach Stan-dards	4	Voll erfüllt zu 100 %	„Dadurch können Sie …" → „Das bringt Ihnen …" → usw.	√			√	√	√

Abb. 3.4 Kundenorientierte Argumentation am Beispiel Telekom Hong Kong

durch Kundenzufriedenheit, Sicherheit, Bequemlichkeit und Imagegewinn.

- Die Anforderung „Normung nach Standards" ist zu 100 % erfüllt und erspart dem Kunden Ärger, bringt ihm Effizienzverbesserung, Kundenbindung durch Kundenzufriedenheit, Sicherheit, Bequemlichkeit und Imagegewinn.

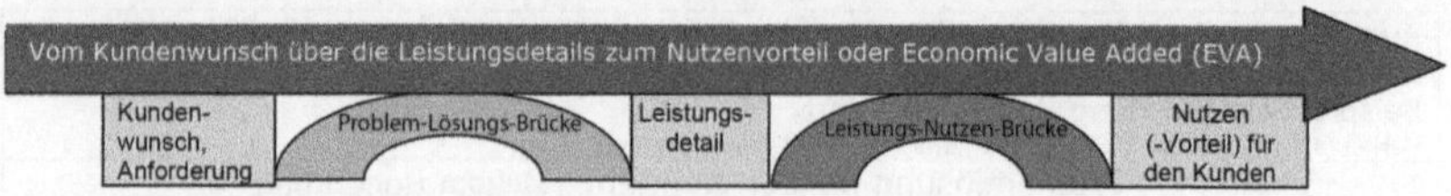

Abb. 3.5 Brücke: Problem-Lösung-Nutzen

- Die Anforderung „Lieferfähigkeit" wird durch das Leistungsmerkmal „Innerhalb von vier Tagen" zu 80% – bezogen auf die Kundenwünsche – erfüllt und bringt dem Kunden Kostenersparnis, Produktivitätssteigerung, Ertragssicherung, Sicherheit, Bequemlichkeit und Imagegewinn.
- Der Preis des Lieferanten ist höher als der seiner Mitbewerber und rechnet sich für den Kunden durch die Summe der Stärken und Nutzenvorteile aus den vier anderen Leistungsdetails kompensatorisch: Qualität kostet ihren Preis.

Diese Argumentationsstruktur muss der Key Account Manager vollständig beherrschen. Die nur technik- und lösungsorientierten Verkäufer beschränken sich auf das Aufzählen der Lösungsdetails und überlassen es dem Kunden, sich selbst einen Reim auf seinen Nutzen zu machen. Und dieser Reim kann positiv, negativ oder indifferent zur Aussage des Argumentierenden verlaufen. Für diesen empfiehlt es sich daher, jeweils

- erst das Kundenproblem anzusprechen,
- sich dessen richtige Erfassung durch eine Zustimmungsfrage bestätigen zu lassen;
- danach die Lösung mit ihren Details zu erläutern,
- sich deren Akzeptanz durch den Kunden durch eine weitere Zustimmungsfrage bestätigen zu lassen;
- und danach dem Kunden seinen Nutzen(-Vorteil) zu erklären,
- und sich die Akzeptanz dieser Erklärung durch den Kunden ebenfalls durch eine dritte Zustimmungsfrage bestätigen zu lassen.

Es ist wichtig, dass sich der Argumentierende die einzelnen Elemente dieser Art der Argumentation zur Sicherheit durch eingebaute Übereinstimmungsfragen nach jedem Element bestätigen lässt, um sicher zu sein, dass sein Gesprächspartner auch gedanklich mit ihm mitgeht.

Während ich diesen Text hier schrieb, rief – ungebeten – ein Mitarbeiter einer Telefonauskunft an und teilte mir mit, dass er von der Telekom eine Information bekommen habe, die er mit mir abgleichen müsse. Es war weder von einem Bedürfnis oder Problem meinerseits noch für einen Nutzen für mich die Rede, was das Gespräch stark verkürzte.

Es dem Kunden zu überlassen, welche Schlussfolgerungen er für sich aus den Leistungsdetails zieht, kann falsch oder richtig sein. Ist der Kunde über das Angebot, die Lösung und seinen Nutzen zu wenig informiert, dann muss man ihm das alles im Detail erläutern. Ist er dagegen voll in der Materie drin, muss man sich als verkaufender Key Account Manager auf die Punkte konzentrieren, die für ihn a) wichtig und b) unklar sind. Auch dies lässt sich durch eingestreute Kontrollfragen prüfen. Immer dann, wenn man Details erläutert, die der Kunde schon „innerlich abgehakt" hat, redet man an ihm vorbei, statt auf ihn und seine wirklichen Fragen qualifiziert einzugehen. Als forscher Jungakademiker war ich mal mit einem erfahrenen Außendienstmitarbeiter bei einem Kunden und betete ihm brav alle Produktdetails herunter. Nach einiger Zeit der Geduld mit dem jungen, engagierten Mann sagte der Kunde sehr gelassen: „Ja, das, was Sie erzählen, ist mir ja längst klar: Es geht nur noch um die Lieferfrist." Von Kunden kann man immer was dazulernen.

Regeln für die Kommunikation sind im Wesentlichen Ehrlichkeit, Wahrhaftigkeit und Verlässlichkeit. Viele Probleme zwischen Unternehmen und ihren Kunden, aber auch in Unternehmen rühren daher, dass diese Prinzipien nicht eingehalten werden und sich die Kommunikationskultur verändert hat.

Verhandlungsziele und Verhandlungstricks

Das Ziel einer jeden Verhandlung ist der Abgleich und Ausgleich der gegenseitigen Interessen zwischen zwei Partnern, also hier dem Kunden und dem Lieferanten. Diese Interessen sind weitgehend identisch, soweit es sich zum Beispiel um den erfolgreichen Absatz von Konsumgütern über den Lebensmittelhandel handelt. Beide Seiten wünschen im Grunde den Absatz möglichst vieler Güter zu möglichst hohen Preisen und hohen Erträgen. Dabei stellen sich sofort Zielkonflikte ein zwischen zum Beispiel Preishöhe, Absatzmenge, der Rolle eines Produktes im Gesamtsortiment und Erträgen.

Der andere Zielkonflikt besteht zwischen dem Interesse des (Handels-)Kunden, möglichst günstig – also billig – einzukaufen, und dem Interesse des Lieferanten, möglichst teuer – also zu einem möglichst hohen Wareneinstandspreis – zu verkaufen. Bei Konditionenverhandlungen geht es hauptsächlich um diesen Themenbereich. Dieser Zielkonflikt dreht sich im Kern um die Frage der Leistungsgerechtigkeit gestellter Forderungen oder des Prinzips „Keine Leistung ohne Gegenleistung". Dieses Prinzip ist bereits von dem griechischen Philosophen Aristoteles formuliert worden und war maßgebend für die Zivilgesetzgebung bis in unsere Zeit hinein. Es ist Ausdruck des Grundprinzips jeder Kondition (lat.: conditio: die Bedingung), nämlich ihrer Gegenleistung für eine Leistung des Partners, z. B. des Handels. Erbringt dieser im Bereich seiner eigenen Verkaufsförderung eine Teilleistung, die die Erreichung des gemeinsamen Zieles eines hohen Absatzvolumens zu hohem oder wenigstens optimalem Ertrag fördert, so kann ihm das Kosten verursachen, an denen er den Lieferanten in angemessener Höhe der Vorteile, die auch dieser aus dieser Ausgabe des Kunden zieht, beteiligen möchte. Das ist soweit in Ordnung und entspricht den Prinzipien für Konditionensysteme der Leistungsgerechtigkeit, Nachvollziehbarkeit und Transparenz. Punkt!

Genau hier beginnt aber eine Grauzone, die sehr stark von Verhandlungstricks gekennzeichnet ist. Es geht um den Versuch meist vonseiten der (Handels-)Kunden, das Prinzip der Leistungsgerechtigkeit zu Lasten des Lieferanten auszuhebeln und zu den eigenen Gunsten zu verbessern. Dabei werden Verhandlungsmethoden eingesetzt, die im Allgemeinen unter dem Ausdruck „Tricks" geführt werden. Es geht dann um das Durchschauen der Kommunikations-„Kultur" des Kunden und der von ihm verwendeten Form seiner persönlichen Darstellung dessen, wie er die Wahrheit sieht oder die Leistungsgerechtigkeit einer Forderung begründet. Das erfordert viele Gespräche, Diskussionen und Diskurse, um sich auf einen für beide Seiten tragfähigen Nenner – also im Sinne der Leistungsgerechtigkeit ein prinzipientreues Ergebnis – zu einigen. Das kann sehr zeitraubend sein und viel Geduld erfordern. Die Zeit sollte man sich als Lieferant aber nehmen. Der Einsatz und das Engagement sind aber zum Beispiel für Handelskunden durchaus lohnend. Ein Inhaber eines bekannten Handelsunternehmens sagte mir dazu einmal sehr offen: „Wenn Sie bei der Anwendung von Verhandlungstricks so gute Erfahrungen gemacht hätten wie wir, dann würden Sie genauso vorgehen." Statistisch bekannt ist, dass in den ritualisierten Jahresgesprächen zwischen Industrie und Lebensmittelhandel in Deutschland die Konditionen jährlich um ca. 0,8 % aus einem geschätzten Volumen von 200 Mrd. € zugunsten des Handels verbessert werden. Macht 1,6 Mrd. € – jedes Jahr wieder! Mein damaliger Gesprächspartner sitzt nach Verkauf seines Unternehmens heute in der Schweiz und investiert in Luxushotels. Zur Hochzeit seiner Enkelin räumte er gezielt eines seiner Hotels für die Hochzeit, bei der unter vielen anderen Gästen Mitglieder des englischen Königshauses geladen waren und auch kamen: Quod erat demonstrandum, oder: Das ist der Beweis, dass sich gekonnte und trickreiche Verhandlungen sehr lohnen können!

Sie können diese Erfahrung aber auch selbst im Kleinen sammeln, indem Sie bei jeder nur denkbaren Gelegenheit (bitte nicht bei Aldi an der Kasse!) Ihrer eigenen täglichen Einkäufe mal fragen, ob Sie das nicht noch etwas günstiger haben könnten: Sie werden staunen oder nicht, aber auf jeden Fall aus den Reaktionen Ihrer Partner lernen können. Der tiefere Grund ist der, dass viele Ihrer Lieferanten ein wackeliges Preisbewusstsein haben, was heißt, dass sie ihren eigenen Preis für etwas zu hoch und nicht ganz gerechtfertigt halten. Und genau diese psychologische Lücke ist das Anwendungsfeld für Verhandlungsmethoden und -tricks. Dabei können und sollen in diesem Rahmen umfassende und wichtige Fragen der Preispolitik und des Preismanagements nicht behandelt werden (mehr dazu finden Sie in der Literatur von Erich-Norbert Detroy, Hermann Simon und anderen).

Es ist aber außerordentlich wichtig, dass sich Key Account Manager, die in solchen Metiers Verhandlungen führen, sehr gut auf diese Techniken vorbereiten und dagegen wappnen. Wichtig für Verhandlungen in China und Südostasien ist auch die Kenntnis der 36 chinesischen Strategeme, die dort für alle möglichen Lebenslagen allgemein bekannt und auch Gegenstand im Schulunterricht sind (gibt es als Taschenbuch).

Wenn man sich die Argumentation von Wladimir Putin im Jahre 2014 in der Ukraine-Frage ansieht wimmelt es darin von solchen Tricks, die vor allem einer Fehldarstellung der Realität dienen."

Verhandlungstricks sind somit ein eigenes Fachgebiet und Wertschöpfungsfeld, dessen qualifizierte Bearbeitung und Beherrschung durchaus lohnend ist. Hier erkennen wir ein Arbeitsfeld für Key Account Manager und Verkäufer, welches bisher wissenschaftlich völlig vernachlässigt wurde. Die Kunden wissen das.

Deshalb werden im Folgenden einige typische Verhandlungstricks von Einkäufern dargestellt und zum Teil gleich Möglichkeiten ihrer Behandlung oder Beantwortung dargestellt.

Einfache Methoden:

- „Ja, aber…"
- Fragetechnik
- Den Key Account Manager durch Fragen verunsichern
- Umarmungsmethode mit Streicheleinheiten
- Betonung des Gemeinsamen

- Kompromiss aus eigener Forderung und Gegenforderung:
  - Sachliche Klärung des Verhandlungsgegenstandes und der Leistungsgerechtigkeit der Forderungen und Vorschläge der Gegenseite.

Tricks und wie man sich dagegen wehren kann:

- Persönlich werden
  - Ignorieren
- Vorwurf der Widersprüchlichkeiten
  - Sachlich widerlegen
- Hauptargumentation wird durch Widerlegung eines Nebenpunktes und dessen Verallgemeinerung aus den Angeln gehoben.
  - Wesentliches gegenüber Nebenpunkt herausheben und Vergleichbarkeit ablehnen
- Verallgemeinerung von Einzelfällen
  - Sachlich als Einzelfall darstellen
- Konsequent an überhöhten Forderungen festhalten
  - Gegenleistung einfordern
  - Ablehnen: „Das rechnet sich nicht für uns."
- Aufstellen glaubhaft erscheinender Behauptungen ohne Begründung und Beweise: „ Wir brauchen ein Prozent mehr..."
  - Gegenleistung einfordern
- Das Diskussionsergebnis wird für Sie ungünstig zusammengefasst
  - Sachlich richtig stellen
- Man kommt Ihnen in einem Nebenpunkt entgegen, um Ihre Zustimmung in einem Hauptpunkt zu bekommen
  - Unverhältnismäßigkeit darlegen und ablehnen
- Man vergleicht das Marktverhalten Ihrer Mitbewerber mit dem Ihren und zieht daraus für Sie ungünstige Schlüsse: „Alle anderen können das!"
  - Sachlich richtigstellen
- Man hält Ihnen das in einem bestimmten Punkt vorteilhafte Gebaren eines Mitbewerbers entgegen und verlangt von Ihnen das gleiche, ohne Ihre übrigen Leistungen zu berücksichtigen:

  - Struktur des eigenen Systems von Leistungen und Gegenleistungen (Konditionensystem) darstellen und dessen Nutzen für den Kunden herausarbeiten
  - Direkte Vergleichbarkeit widerlegen und ablehnen
- Man droht Ihnen mit der „Entweder-oder-Methode“
  - Nutzenvorteile des eigenen Angebotes herausstellen und eventuelle Nachteile des Kunden bei Realisierung seiner Drohung darstellen
- Der Kunde konfrontiert Sie mit der Entscheidung seiner Vorgesetzten, an der nichts zu rütteln sei und stellt sich ins Abseits: „Verstehen Sie, ich muss…“
  - Verständnis für seine Lage zeigen
  - Eigenen Standpunkt darstellen
  - Nutzenvorteile des eigenen Angebotes herausarbeiten
  - Ablehnen
- „Ich verlange ja gar nichts von Ihnen. Ich erzähle Ihnen nur, was Ihre Mitbewerber mir so anbieten.“
  - Struktur des eigenen Systems von Leistungen und Gegenleistungen darstellen und dessen Nutzen für den Kunden herausarbeiten
  - Direkte Vergleichbarkeit widerlegen und ablehnen
- „Zum zehnjährigen Jubiläum unserer Firma erwarten wir etwas von unseren Lieferanten. Ich dachte so an… Euro!“
  - Gegenleistung verlangen
- „Aber außerdem muss ich noch… Euro haben!“
  - Gegenleistung verlangen
  - „Wenn Sie es nicht machen können – okay, ich habe volles Verständnis für Ihre Situation, muss es dann aber mit Ihrer Konkurrenz machen. Natürlich bleiben wir trotzdem gute Freunde, und wenn es der Zufall wieder mal will…“
  - Struktur des eigenen Systems von Leistungen und Gegenleistungen darstellen und dessen Nutzen für den Kunden herausarbeiten
  - Nutzenvorteile des eigenen Angebotes herausarbeiten

- „Wissen Sie, Ihre Kalkulationsprobleme können nicht die unseren sein.“
  - Kalkulation zum Nutzenvorteil des Kunden darstellen
- „Das mag alles richtig sein, was Sie da sagen, aber ich muss… haben.“
  - Gegenleistung verlangen
- Schuldkomplexe aufbauen
  - Sachlich richtigstellen und widerlegen
- Fehlerdramatisierung
  - Sachlich richtigstellen und widerlegen
- Gegenleistung wegfallen lassen und Leistung (Kondition) zum „Besitzstand“ erklären:
  - Sachlich richtigstellen und ablehnen
- Forderung nach Konditionenverbesserungen ohne jegliche Begründung
  - Gegenleistung einfordern oder ablehnen: „Das rechnet sich nicht für uns.“
- Forderung nach Konditionenverbesserungen mit fadenscheinigen Begründungen
  - Sachlich richtigstellen und Gegenleistung einfordern
- Negativvergleich mit „allen anderen“: „Alle anderen können das – nur Ihr nicht“!
  - Struktur des eigenen Systems von Leistungen und Gegenleistungen darstellen und dessen Nutzen für den Kunden herausarbeiten
  - Nutzenvorteile des eigenen Angebotes herausarbeiten
  - „Andere Lieferanten haben andere Angebotsstrukturen“
- Mit Auslistung drohen
  - Nachteile für den Kunden herausarbeiten
- „Umstellung“ auf „Netto-Netto“ (= Wegfall aller Konditionen)
  - Ablehnen mit dem Hinweis darauf, dass jede Kondition eine Leistung des Kunden honoriert und mit dem Wegfall der Konditionen für den Kunden auch keine Anreize mehr für seine

(kalkulierbaren) Gegenleistungen bestehen und die durch die bisherigen Konditionen erbrachten Gegenleistungen des Kunden dann wegfielen…

Das Stehvermögen und die Haltung eines Lieferanten als Verhandlungspartner hängen zum einen zu großen Teilen von seiner Verhandlungsmacht ab. Diese resultiert aus der Marktstellung, dem Marktanteil, der Wettbewerbsposition seines Unternehmens, dem Grade der Austauschbarkeit seines Angebotes, seinem allgemeinen Niveau von Kompetenz und Leistungsfähigkeit u. a. m. Die Achillesferse dabei ist die Tatsache, dass fast alle Firmen wachsen wollen und dazu neue Produkte, Dienstleistungen oder Lösungen auf den Markt bringen wollen. Das ist kein Problem, so lange diese echte Neuerungen mit klaren Alleinstellungsmerkmalen und neuen Nutzenmerkmalen für den Kunden bieten. In vielen Fällen sind die Neuerungen der Lieferanten aber nur Versuche, ohne Verbesserung und Nutzenvorteil, also über eine sogenannte Me-Too-Positionierung auch noch in einen Markt zu kommen, der bereits von anderen Anbietern bedient wird. Der Versuch dient dazu, das eigene Angebot oder Sortiment zu erweitern, zu komplettieren oder abzurunden. Um damit bei Key Accounts erfolgreich zu sein, muss der Lieferant Zugeständnisse bei Preisen und Konditionen machen und schwächt damit seine gesamte Verhandlungsposition bei seinen Kunden. Macht er dies zu oft und ohne Erfolg, dann kann er sein eigenes Unternehmen ruinieren. Also empfiehlt es sich unternehmerisch schon sehr, echte Innovationen nach Möglichkeit nur mit Alleinstellungsmerkmalen und neuen Nutzenmerkmalen zu bringen, das heißt, intelligente Innovationen zu bringen, die nicht über den Preis, sondern über die Lösungsdetails und den Kundennutzen daraus lanciert werden können.

Zum anderen hängt das Stehvermögen eines Verhandlungspartners von seinem persönlichen Auftreten ab. So gibt es Vertreter starker Marken und starker Verhandlungspositionen mit einem schwachen persönlichen Standing und Auftreten, die nicht in der Lage sind, diese starke Position zu vertreten und die Spannung einer Verhandlung durchzustehen: Sie schwächen die Position des eigenen Unternehmens. Dann gibt es Vertreter starker Marken und Unternehmen, deren Auftreten selbstbewusst und stark, aber nicht stur ist: Sie nutzen die Position ihres Unternehmens erfolgreich.

Zu bewundern sind Vertreter eher schwacher Marken und Positionen, die durch ihren starken Auftritt die eher schwache Position ihrer Unternehmen und ihres Angebotes kompensieren und über ihre Persönlichkeit und ihren Auftritt Erfolge für das eigene Unternehmen erzielen.

In diesem Feld gibt es weitere schwierige Situationen zu bewältigen. So arbeitet das Key Account Management im Normalfall nach kundenbezogenen Deckungsbeitragszielen und dementsprechend nach vorkalkulierten Preisen und Konditionen. Dabei kann es vorkommen, dass Key Account Manager wegen ihrer Prämie auf den kundenbezogenen Deckungsbeitrag auf zu wenig rentable Aufträge verzichten, während aus Sicht der Produktion der Auftrag zu diesem Zeitpunkt noch gut unterzubringen gewesen wäre. Deshalb dürfen Key Account Manager nicht nur auf der Basis von kundenbezogenen Deckungsbeiträgen honoriert werden. Vielmehr müssen noch die Erreichung weiterer Ziele auf höheren Ebenen der eigenen Organisation für die Prämien von Key Account Managern mit herangezogen werden.

Gerade in solchen Situationen spielt die Erhaltung der Glaubwürdigkeit eines Key Account Managers eine große Rolle. Man sollte immer den Basarstil in Verhandlungen über Preise und Konditionen vermeiden. Dieser beruht auf einem reinen Machtspiel und dem Aushandeln einer Verbesserung für den Kunden ohne reelle Begründung. Die sachliche Begründung eines Nachlasses sollte immer auf einer „Neukalkulation" oder einer neuen Gesamtbetrachtung beruhen, d. h. auf eigenen rationalen Überlegungen statt auf reinen emotionalen Zugeständnissen. Ganz verheerend für das Standing des Key Account Managements wirkt es sich aus, wenn Mitglieder höherer Hierarchieebenen Zugeständnisse machen, die sie nicht selbst auch rational begründen und stattdessen rein emotionale Zugeständnisse aus der Verhandlungssituation heraus machen, weil sie den psychischen Druck nicht gewohnt sind und nicht durchstehen oder zu wenig Zeit haben. Sie konterkarieren dadurch einmal das Prinzip „Keine Leistung ohne Gegenleistung", zum anderen das Prinzip der Delegation von Aufgabe, Kompetenz und Verantwortung ihrer (ihnen unterstellten) Mitarbeiter und nehmen diesen jede Glaubwürdigkeit für ihr zukünftiges Auftreten bei Kunden. Die Folge ist, dass Kunden, die mit den Vorgesetzten der Key Account Manager bessere Verhandlungserfolge hatten als mit den eigentlich dafür zuständigen Key Account Managern, diese bei zukünftigen Verhandlungen immer als Verhandlungspartner anfordern und ihnen damit wertvolle Zeit für ihre eigentlichen Aufgaben nehmen. Das Peinliche dabei ist, dass einige Vorgesetzte von Key Account Managern dies auch noch ganz gerne machen, weil sie selbst aus dem Verkauf kommen und wegen ihrer Erfolge als Verkäufer zu Führungskräften befördert wurden, deren Qualifikation sie aber als Verkäufer nicht gelernt haben. Das schließt nicht aus, dass sich Key Account Manager in für das Unternehmen kritischen Grenzfällen an ihre Vorgesetzten wenden, ggf. ein neues Angebotspaket schnüren, welches dann aber vom Key Account Manager persönlich wieder in die Verhandlung mit Kunden eingebracht wird, statt von seinem Vorgesetzten.

Fazit

Im Prinzip geht es bei allen Verhandlungen immer wieder um eine Reaktion und eine Gegenreaktion oder um eine Forderung der einen Seite und ihre Beantwortung durch die andere Seite. Die Reaktion des Kunden (z. B. aus dem Handel) zielt immer auf die Verbesserung des Verhandlungsergebnisses zu seinen eigenen Gunsten ab (auf was auch sonst?).

Die Gegenreaktion des Lieferanten oder seines Repräsentanten, z. B. des Key Account Managers, muss Folgendes beinhalten:

- Sachliche Klärung des Verhältnisses Leistungen zu Gegenleistungen – im Detail, nachvollziehbar und transparenzfähig
- Gegenleistungen für Forderungen stellen oder erfragen, wenn das Verhältnis zu den Forderungen nicht stimmt

- Den Vorschlag, ein bestehendes Angebot neu zu kalkulieren oder zu überarbeiten
- Forderungen ablehnen, die ohne Gegenleistung erbracht werden sollen und sich nicht rechnen („Das rechnet sich nicht für uns.“)

Damit schließt sich der Kreis zwischen Key Account Management und Verkauf: Jeder Key Account Manager ist natürlich auch Verkäufer! Aber er sollte es um Himmels Willen nicht nur bleiben, sondern die Möglichkeiten und Chancen des Key Account Managements voll für sich und sein Unternehmen erschließen und ausschöpfen!

Viel Erfolg dabei!

Quellen und Literatur

1. In Anlehnung an: Hanan, Mack. 2006. Key account selling, New York; Hanan, Mack, und Peter, Karp. 2011. Competing on value, New York; Hanan, Mack: Profits without products, New York 2011; Hanan, Mack. 2011. Consultative selling, New York; Napolitano, Lisa. 1997. Unlocking profits, Chicago; Brown, Stanley A. 1995. What customers value most, Toronto; Davis, Scott M. 2009. The shift, San Francisco.
2. Süddeutsche Zeitung v.12.2.2014.
3. Marc Aurel (121–180 n.C.): Selbstbetrachtungen, Reclam 1241.
4. Goldmann, Heinz M. 2004. Wie man Kunden gewinnt.
5. Napolitano, Lisa. 1997. Unlocking profits. Chicago.
6. Hoffmann, Jürgen. 2. April 2014. Gutes Aussehen hilft. *Süddeutsche Zeitung,* Seite 25, Dokument-ID A44346219.
7. Quelle: in Anlehnung an wikipedia.